DANS LES FRACAS
DU MONDE

Du même auteur

Toxic, avec Bernard Kouchner, Jean-Pierre Daulouède, Bertrand Lebeau, William Lowenstein, éd. Odile Jacob, 2018

Droit et stratégies de l'action humanitaire, avec Pierre-Olivier Chaumet, éd. Mare & Martin, 2018

Patrick Aeberhard

DANS LES FRACAS DU MONDE

CALMANN LEVY

CALMANN LÉVY
ÉDITEUR DEPUIS 1836

COUVERTURE
Maquette : Coco Bel Œil

ISBN : 978-2-7021-8475-2

Pour Nora
Pour Aurélien et Mathieu

À Bernard Kouchner, depuis la première minute
À mes compagnons des débuts qui nous ont quittés
À mes amis humanitaires et de la réduction des risques
qui ont été présents pendant toutes ces années
Aux médecins et infirmières volontaires
des organisations humanitaires qui continuent
à se dévouer pour les populations exclues et opprimées

The evil that men do lives after them, the good is oft interred with their bones...

William SHAKESPEARE, *Jules César*

Vers ta frontière, ô vie humiliée, je marche maintenant au pas des certitudes, averti que la vérité ne précède pas obligatoirement l'action.

René CHAR, *Poèmes en archipel*

L'absurde naît de cette confrontation entre l'appel humain et le silence déraisonnable du monde.

Albert CAMUS, *Le Mythe de Sisyphe*

PROLOGUE

L'AIR DE LA GUERRE

Les deux phares de l'avion se précisent à l'horizon, grossissent, éclairent la piste, on devine la silhouette qui pose une roue, rebondit, puis ce sont les deux roues. Rugissement des moteurs. L'engin ralentit, fait demi-tour au bout du terrain et vient se ranger sagement presque à nos pieds, les quatre hélices s'arrêtent l'une après l'autre. Silence.

La bonne tête du commandant Chappel apparaît par la fenêtre du cockpit. Nous nous approchons tandis qu'il descend par l'échelle. Nous sommes un comité d'accueil un peu sommaire, en compagnie de quelques responsables de la Croix-Rouge. « Bon vol, pas trop de problèmes ? » Non, juste qu'il va falloir réparer un peu. Avec Arnaud, mon camarade d'internat, nous lui demandons timidement si c'est grave, un peu comme nous le demandent toujours nos malades, et sa réponse ressemble beaucoup à la nôtre : « Bof… »

Toujours est-il que nous voilà coincés pour toute la journée du lendemain sur le petit terrain d'aviation de l'île de Fernando-Pó, en Guinée équatoriale, car les décollages n'ont lieu que de nuit, toujours à cause de la DCA nigériane. Nous sommes en 1968, la France se remet doucement de ses soubresauts du mois de mai. Arnaud et moi n'avons quitté Paris que depuis quatre jours et nous sentons pour la première fois les bouffées de l'air de la guerre. Le Comité international de la Croix-Rouge (CICR) a organisé un pont aérien pour apporter vivres et médicaments à la population affamée et bombardée, victime de ce qu'on n'appelle pas encore tout à fait la guerre du Biafra. Les pilotes sont souvent, à l'image de Chappel, des gens d'Air France ou d'UTA en disponibilité, ou d'anciens militaires. Toutes les nuits ils pilotent des avions chargés à ras bord de vivres et de médicaments, d'autres fois d'armes…

La journée s'étire, les distractions sont rares à Fernando-Pó. Nous regardons avec respect les mécaniciens en sueur trifouiller dans les moteurs, ça va, c'est bon, on pourra partir vers vingt-deux heures. Et nous décollons, coincés entre diverses caisses, le commandant Chappel volant un peu au-dessus de la portée de la DCA. Il nous faudra moins d'une heure pour franchir les deux cents kilomètres qui nous séparent d'Uli. Les lumières d'une piste s'allument brièvement puis s'éteignent. Chappel se met dans l'axe, encore un petit flash bleu du sol, la piste n'est qu'un tronçon de route taillé dans la forêt, et l'avion se pose comme une grosse fleur dans le noir complet. Les hélices tournent encore que des camions sont déjà là. Le déchargement commence. Sitôt vidé, le DC4 redécolle. Il ne faut pas traîner, l'aviation nigériane vient bombarder toutes les nuits.

Et nous voilà seuls dans le silence, Arnaud et moi. Un gradé de l'armée biafraise s'approche : « *Welcome, gentlemen, may I see your visas, please ? What do you mean, you have no visas ? You say you are doctors ? You came to help ? Well, you need visas, anyway. Please follow me to the barracks.* » Son ton est poli mais ferme et nous nous retrouvons enfermés dans une cabane, sous bonne garde. Confort sommaire. Mais la porte se rouvre, nos compagnons du CICR qui étaient partis à notre recherche ont répondu de nous, ça va, vous pouvez aller commencer à soigner. Un camion nous emmène sur la piste, tous phares éteints, vers l'hôpital le plus proche, dans le village d'Awo Ommama, à cinq kilomètres à peine du terrain où nous avons atterri.

Et d'un seul coup l'air de la guerre se concrétise. L'hôpital est plein à craquer, trois cents blessés, conséquence de plusieurs jours de bombardements intenses. Les bâtiments tout en longueur sont coiffés de toits en tôle, sur lesquels sont peintes de grandes croix rouges – la cible préférée des pilotes, russes ou égyptiens, de l'aviation nigériane fédérale. Sans que j'aie le temps de souffler, on me propulse en salle d'opération et me voici en train d'assister un chirurgien biafrais occupé à ouvrir le ventre d'un blessé par éclats d'obus. J'ai déjà participé à ce genre d'intervention, mais là, en pleine brousse, à peine débarqué… Il y a trois tables, trois équipes opèrent simultanément, il y a du sang sur le sol. Mes mains tremblent. La fatigue du voyage, peut-être ? L'équipe, composée de jeunes durs à cuire, me surveille du coin de l'œil et me met vite dans le rythme. On me tend les instruments, je ne tremble plus, j'opère.

I

BIAFRA, OPÉRER SOUS LES BOMBES

Qu'y avait-il donc de si particulier dans cette guerre du Biafra pour qu'y soient impliqués tant d'acteurs majeurs du siècle ? En y regardant de près, ce conflit ultra classique fut le premier laboratoire de ce qui deviendrait plus tard le droit humanitaire, ingérence comprise.

Et qui se souvient seulement de la guerre du Biafra ? Le recul nous donne une meilleure appréciation de la situation que ce que nous pensions comprendre sur place. Car on connaît désormais la dimension internationale de ce qui était perçu en 1968 comme une convulsion classique des États africains, où une ethnie chrétienne, les Ibos, tentait de se séparer de l'État fédéral du Nigeria, majoritairement musulman et animiste. Mais les implications stratégiques et pétrolières, ainsi que la bonne vieille rivalité franco-anglaise, la même qu'on trouverait à l'œuvre au Rwanda, ont poussé le gouvernement français du général de Gaulle à intervenir de toutes les manières possibles, depuis le secours humanitaire jusqu'au soutien barbouzard mis sur pied par Jacques Foccart, l'homme de l'Afrique. C'est là que nous avons vu pour la première fois s'organiser un étrange théâtre, où se sont croisées des figures admirables comme le docteur Okoye, et des personnages shakespeariens comme le colonel Ojukwu, qui a mené son peuple à la révolte puis l'a abandonné en fuyant avec femme, enfants et Mercedes. Des gamins comme moi et mon camarade Arnaud Marty-Lavauzelle se sont également frottés avec respect à de grandes personnalités comme le docteur Max Récamier, incontournable garant moral et professionnel de la médecine humanitaire, et à de flamboyants jeunes médecins prometteurs ayant la politique et la morale chevillées au corps, comme Bernard Kouchner.

Nous n'avions pas conscience d'être en train de faire quoi que ce soit d'important, nous voulions accomplir quelque chose qui soit juste. Étions-nous plus politiques que médecins, plus médecins que politiques ? Avec le recul, je dirais que ça dépendait des jours... Parfois l'urgence médicale s'imposait sur un terrain politique, il fallait soigner, parfois l'argument médical était un bon moyen de faire connaître à l'opinion une situation politique inacceptable. Est-ce que nous savions ce que nous faisions ? Je dirais plutôt que nous ne savions pas que nous le savions... Pour bien inventer, il faut être raisonnablement ignorant. Nous avions d'ailleurs besoin de ce flou artistique pour travailler tous ensemble, malgré nos parcours bigarrés.

On n'a pas idée – parce qu'on ne retient souvent de l'histoire que les conséquences, puisqu'on vit avec, beaucoup plus que les causes, qui ont fini par disparaître avec le temps. On n'a pas idée de la chape de plomb qui pesait, juste avant 1968, sur l'ensemble de la prospère et satisfaite société française des Trente Glorieuses finissantes, et particulièrement sur la jeunesse. Les rapports hiérarchiques à l'hôpital étaient de même solidement verrouillés pour les jeunes internes que nous étions, Arnaud et moi. Nous étions traités comme de la piétaille par d'insupportables mandarins, par ailleurs souvent excellents médecins, qui nous exploitaient sans vergogne. Nous portions la grande capote de l'Assistance publique ; les malades, en tout cas à l'hôpital du Kremlin-Bicêtre, s'entassaient parfois à une centaine dans d'immenses salles communes, le Moyen Âge n'était pas loin. Ce n'était pas pour cela que nous avions fait médecine.

Alors, le jour où nous avons repéré, en salle de garde, une affiche de la Croix-Rouge française appelant les volontaires à rejoindre l'équipe médicale du Biafra, nous n'avons guère hésité. C'était à la fois la possibilité d'échapper à un système corseté et de renouer avec un désir brûlant d'action politique. Pour ma part, j'avais une solide frustration à dissiper : j'avais, comme on dit, « fait Mai 68 », suivi presque toutes les assemblées, écouté le flot ininterrompu d'idées magnifiques et de désolantes stupidités libérées par la révolte, je n'étais pas plus politisé que ça mais j'avais rencontré au fil de ces jours fiévreux nombre de médecins formidables, en particulier une bande de jeunes psychiatres qui comptaient bel et bien réformer de fond en comble en France le système de la santé mentale, et même de la santé tout court. Nous avions d'ailleurs pu contribuer au livre blanc de la réforme que projetait à l'époque Edgar Faure. Nous sommes allés jusqu'à ébaucher une *free clinic* dans un petit appartement rue de Londres, derrière la gare Saint-Lazare. Au programme, accueil repensé y compris pour l'information médicale (à l'époque, un médecin n'avait pas besoin d'expliquer à ses patients ce qu'il faisait…), prise en charge des enfants, exercices physiques, programmes de nutrition, encadrement psychologique et zeste de psychanalyse, sur fond de musique indienne pour faire passer le tout. Vaste et téméraire programme, certes ! Mais des exemples existaient aux États-Unis ! J'y fis donc un saut, sur la Côte Ouest, pour quelques jours pensais-je. En réalité, j'y restai deux mois. L'accueil était étonnant : il suffisait à l'époque d'avoir passé quelque temps derrière une barricade de la rue Gay-Lussac pour être accueilli, de la Côte Est à la Californie, comme l'égal de Cohn-Bendit, Geismar et Sauvageot réunis, tant le monde avait faim de Paris. À San Francisco et Berkeley, en plus, nous paraissions délicieusement exotiques… Toujours est-il que je revins en France riche de tout ce que j'avais observé et appris dans plusieurs *free clinics* américaines et impatient de le mettre en œuvre. Mais ce fut la douche froide : ce que je proposai ne plut pas du tout à mon groupe de psychiatres et je me retrouvai proprement éjecté. Retour à ma morne condition d'interne au Kremlin-Bicêtre et soif d'autre chose.

Déçus par ce que nous offre (ou plutôt ne nous offre pas) la France, Arnaud et moi nous rendons au siège de l'association, rue Quentin-Bauchart, où d'adorables vieilles dames redirigent les freluquets que nous sommes vers Genève, au siège de la Croix-Rouge internationale. Dans l'escalier, nous rencontrons un jeune médecin français barbu et élégant, un certain Bernard Kouchner, frémissant d'indignation. Il revient du Biafra, où il fait partie de la première mission française, son hôpital s'est retrouvé presque au cœur des combats, son équipe médicale a été directement menacée par les militaires nigérians fédéraux, il est venu alerter ses supérieurs et la réponse de Genève a été : « Surtout pas de vagues… »

De fait, on nous fait signer avant de partir un papier dans lequel nous nous engageons à ne rien dévoiler de notre mission. Et quelques jours plus tard, on nous convoie vers les îles Canaries. Là, on nous montre un film sur la réalité de la guerre. J'apprends que l'équipe précédente, composée majoritairement de médecins yougoslaves, a été totalement massacrée, la direction du CICR lui ayant donné instruction de rester sur place malgré le front qui se rapprochait à toute vitesse. Je commence à me gratter la tête, j'ai même franchement peur, mais il est trop tard pour reculer. Et c'est ainsi que je me retrouve à l'hôpital d'Awo Ommama, qui opère à la chaîne des blessés que l'on doit ensuite installer à trois par lit, ce qui ne correspond pas tout à fait aux standards de l'Assistance publique, même retardataire, auxquels je suis habitué.

Notre chef d'équipe est Max Récamier. Cet homme longiligne, élégant, séduisant, calme, déterminé, est aussi un humaniste et un catholique pratiquant. Sa carrière dans l'action humanitaire avait déjà commencé en 1964, pour le compte du CICR, lors de la guerre civile du Yémen. Après le Biafra, ayant repris son activité d'ORL à l'hôpital de Neuilly, il ne cessera de nous accompagner et de nous soutenir, à Médecins sans frontières puis à Médecins du monde, témoin navré et déchiré de nos violentes ruptures, auxquelles il n'a pu porter remède. Il reste pour tous les acteurs de l'humanitaire un ami indéfectible dans sa fidélité et sa modestie. Au Biafra, il n'aura quitté le terrain que parmi les tout derniers, après avoir assuré la sécurité des enfants dénutris dont il avait la charge.

Le reste de l'équipe est du style baroudeur : les chirurgiens Mario Duran, argentin, Minor Hernandez, guatémaltèque, Bravo Salvador, espagnol, l'anesthésiste serbe Vlad Radoman, l'infirmière suisse Élisabeth Eggli sont des habitués des situations d'urgence. Nous les retrouverons au fil des ans, piliers inamovibles de MSF. Un chirurgien biafrais, le docteur Udoh, arrive tout droit des États-Unis. Enfin, le directeur de l'hôpital, déjà cité, est le docteur Okoye. Tout le monde nous considère comme des gamins, de même que nos alter ego Michael et George, deux étudiants en médecine biafrais. Il faut dire que nous avons juste vingt-deux ans, mais on me promeut quand même assistant chirurgien et Arnaud est expédié à Santana, dans un centre de nutrition pour enfants. Nous voilà séparés.

Pour le moment, tel Fabrice à Waterloo, je ne comprends rien à rien, perdu dans la nuit d'une brousse anglophone. Dans le fond, je n'avais pour tenir le coup que ma bienheureuse ignorance et une solide dose de naïveté (j'ai appris depuis combien elle était précieuse, elle me protégeait du cynisme). Je ne savais même pas clairement à quoi tenait ce conflit. L'immense Nigeria, ancienne colonie britannique, était devenu indépendant en 1962, riche de deux des traditionnelles malédictions de beaucoup de pays pauvres, l'uranium et surtout le pétrole, principalement dans le delta du Niger, autour de Port Harcourt. C'est là que se sont installés quelque dix millions d'Ibos chrétiens, environ dix pour cent d'une population pour le reste musulmane ou animiste. Ayant bénéficié de l'excellente éducation dispensée par les Pères blancs catholiques, ils se retrouvent souvent aux postes de commande de l'administration (on constatera ce même phénomène plus tard en Irak, où les meilleurs cadres de Saddam Hussein étaient des chrétiens issus des écoles tenues par les dominicains). Leurs pulsions indépendantistes ne recueillent que peu de soutien à l'ONU, la plupart des pays étant tétanisés à l'idée que l'exemple pourrait se reproduire chez eux : la sécession d'une province, la balkanisation de l'Afrique ! La France du général de Gaulle est plus ambiguë, aidant en sous-main, livrant des armes (les vieux quadrimoteurs Constellation peints en noir, sans immatriculation, se posant sur le ventre pour des voyages à sens unique…) et ne contrecarrant ni nos tentatives humanitaires ni les interventions des grands médias internationaux, portés par l'essor du photojournalisme. Quelque peu échaudé par un massacre d'Ibos (trente mille morts…) deux ans plus tôt à Kano, après d'innombrables pogromes dans le Nord, le colonel Odumegwu Ojukwu prend donc la tête de la révolte, et met son peuple en ordre de bataille à l'est du pays, dans un réduit d'à peine cent kilomètres carrés, qu'il baptise Biafra ou Ibo Land.

Je me fais peu à peu à mes nouvelles fonctions, jusqu'au jour où, en pleine intervention, un terrible fracas vient secouer tout l'hôpital. Puis un deuxième. C'est un bombardement. Nous plongeons sous les tables d'opération. Lorsque nous nous relevons, nous n'avons plus qu'à compter nos morts et à trier nos blessés avant de les opérer à nouveau, cela en pataugeant dans le sang pendant vingt-quatre heures ininterrompues. Épuisés, nous tenons par l'indignation, car les morts, les blessés ne sont pas que des militaires, ce sont aussi des femmes et des enfants. Ils incarnent pour nous une évidence : la cause des Biafrais est juste, il faut le clamer le plus fort possible à la face du monde.

En attendant, la routine s'installe. Mais la routine, pour nous, c'est d'accueillir, tous les soirs, une bonne quarantaine de blessés graves. Ils arrivent comme ils peuvent, inconscients ou grimaçant de douleur, soutenus par des camarades ou par leur famille, ou gisant à l'arrière de camions qui les ont bringuebalés sur les pistes. Et bien entendu, hélas, nous devons pratiquer le tri. Je suis chargé des plaies aux bras et aux jambes, les blessures à la tête, thoraciques ou abdominales étant réservées aux chirurgiens expérimentés. Le travail est éreintant, le bruit des combats nous rappelle que la ligne de front se rapproche un peu plus chaque jour. De temps en temps, des journalistes nous rendent visite : nous accueillons ainsi Jean-François Chauvel du *Figaro*, François Debré pour *Le Monde*, le photographe de Gamma Gilles Caron, qui disparaîtra plus tard au Cambodge, Olivier Todd, qui débarque avec une équipe de la BBC pour un reportage de télévision.

À chaque fois, ce regain d'attention nous donne l'impression que nous n'agissons pas pour rien et nous remonte un peu le moral – ce sentiment est malheureusement illusoire. Nous rencontrons aussi quelques mercenaires pittoresques, comme Bob Denard et le Belge Marc Gossens : pendant que je l'opère d'une balle dans l'épaule, il menace de me faire la peau si je ne réussis pas mon affaire. Quelque temps plus tard, Gilles Caron photographiera son corps rapporté du front, un pantin désarticulé par des soldats biafrais. Philippe Decraene, journaliste au *Monde* et l'un des meilleurs connaisseurs de l'Afrique qui soient, consacre un long article à la guerre du Biafra, qui commence à frapper les consciences.

Le manque d'entraînement devant la charge de travail et l'horreur permanente pèsent sur mes épaules et je m'aperçois que je suis tout doucement en train de craquer. L'équipe aussi s'en rend compte et l'on me suggère de rejoindre mon ami Arnaud à l'école de Santana, devenue un centre de nutrition pour enfants, avec à sa tête le docteur Pascal Grellety-Bosviel – un des fondateurs de MSF puis directeur médical de la Croix-Rouge française. J'accepte, pensant souffler un peu, en tout cas suffisamment pour retrouver un certain équilibre, mais ce que j'y découvre est plus horrible encore que la chirurgie de guerre : dans la salle d'internat bourrée à craquer de lits superposés, trois cents enfants sont hébergés, souvent avec leur famille. Ils souffrent presque tous du kwashiorkor, une maladie courante en cas de dénutrition, qui les rend squelettiques avec un gros ventre et leur décolore les cheveux. La plupart en mourront, ceux qui en réchapperont garderont des séquelles cérébrales. Et tous les jours, malgré les soins, malgré les perfusions, nous en perdons trois, parfois quatre. Dehors, l'opinion internationale s'émeut de plus en plus. La princesse de Bourbon-Parme, présidente de l'Ordre de Malte, nous rend visite. Je passe Noël 68 au Biafra. En février 1969, épuisé à tous points de vue, je prends la décision de rentrer à Paris. En plus, il faut bien que je finisse mes études de médecine.

En France, Bernard Kouchner s'agite comme seul il sait le faire, multipliant les allers-retours, et nous lançons, avec Arnaud, qui est aussi revenu à Paris, des manifestations devant l'ambassade du Nigeria. Nous créons un Comité de lutte contre le génocide au Biafra, nous harcelons le milieu politique, où l'accueil qui nous est fait est tiède… Personne ne veut prendre le risque de nous soutenir officiellement. C'est le moment d'un meeting mémorable à la Mutualité. À la tribune, nous avons tout simplement réussi à réunir l'abbé Pierre et Étienne Burin des Roziers, diplomate, aide de camp du général de Gaulle à Londres et ancien secrétaire général de l'Élysée. Nous laissons Raymond Offroy, ambassadeur dont l'opposition à la sécession biafraise est bien connue, s'emparer du micro. Il nous adresse froidement le reproche de ne pas respecter la souveraineté d'un État étranger, et plus traîtreusement de contribuer à prolonger une guerre qui ne nous concerne en rien. Nous répondons bien sûr avec véhémence. Il s'énerve et conclut que pour mettre fin à cette fichue guerre le mieux est encore d'attendre que les Biafrais meurent de faim… Brouhaha général d'indignation.

En toile de fond gouvernementale, Maurice Couve de Murville, ministre des Affaires étrangères, est très réfractaire à la politique du général de Gaulle et de Foccart sur la question biafraise. L'affaire débouchera quand même sur une pétition emmenée par Jean-Paul Sartre, Simone de Beauvoir et Jacques Madaule, que signeront des dizaines d'intellectuels français. Succès d'estime, comme on dit.

D'autant plus qu'à Paris encore le début des années 1970 sonne l'heure du bilan. L'épisode biafrais a fait sentir à beaucoup de médecins la nécessité d'une structure permanente d'intervention humanitaire, car nous en voulons toujours à la Croix-Rouge internationale, dont nous ne comprenons pas la neutralité rigoureuse. Réunis autour du service de réanimation du professeur Jolis, à Beaujon, nous sommes quelques-uns à fonder le Groupement d'intervention médico-chirurgicale d'urgence, ou GIMCU. Nous voyons arriver de futurs piliers de l'histoire de l'humanitaire, comme Jacques Bérès ou Xavier Emmanuelli. Que ce soit à Genève ou à Paris, la Croix-Rouge nous prend pour des gauchistes un peu loufoques, des têtes brûlées, habitées par la bizarre obsession de témoigner contre l'oubli, et fronce le sourcil devant les résultats de notre activisme. Mais nous sommes épaulés par des personnalités prestigieuses : Jean-Paul Sartre et Simone de Beauvoir, Alfred Kastler, Pierre Vidal-Naquet... En gros, nous déclinons sous toutes les formes possibles l'idée de « Biafra, plus jamais ça ! » et cherchons à créer l'outil qui permettrait de contourner cette fameuse culture du secret qui était à l'époque l'alpha et l'oméga du CICR et qui laisse espérer l'impunité aux tortionnaires devant le tribunal de l'histoire. Cet outil, il lui fallait un nom qui frappât les esprits. Au cours d'une réunion de *brainstorming* en décembre 1971 au siège du journal *Tonus*, Bernard Kouchner eut l'illumination : Médecins sans frontières ! Quant à moi, venant à peine de terminer mes études de cardiologie, je faisais mon service militaire comme coopérant en Tunisie et n'assistai pas à la réunion. Prenant connaissance de la charte fondatrice de l'organisation, cependant, je ne pus m'empêcher de trouver qu'elle n'allait pas assez loin dans ses revendications…

Sans le drame du Biafra, il n'est pas dit que MSF serait née, en tout cas pas sous la forme qu'on lui connaît. À bien y repenser, notre boussole avait déjà, et a toujours eu depuis des pôles exactement opposés. Le premier était en effet notre interrogation lancinante quant à la position du CICR, qui pendant la Seconde Guerre mondiale, a quand même largement failli. Dans un ouvrage très documenté, Jean-Claude Favez a repris les archives du CICR et en a dégagé des conclusions accablantes : il montre que sous la pression de nombreuses personnalités et d'associations, la position du CICR a consisté, durant tout le conflit mondial, à garantir le respect des conventions de Genève dans le domaine du droit humanitaire. En temps de guerre, cette institution entend donc rester neutre. Cette position fut, du reste, renforcée par la politique menée à l'époque par la Confédération helvétique, particulièrement hostile à toute entrée en guerre. Dans le même temps, la Croix-Rouge allemande devint progressivement inféodée aux nazis. C'est dans ce contexte que des critiques internationales majeures s'élevèrent finalement contre le CICR. Face à une telle hostilité, le comité décida de réagir en rédigeant un texte à l'intention des autorités allemandes. Les auteurs de cet écrit étaient tous suisses. Pour la plupart, il s'agissait de membres de la bourgeoisie genevoise ou de grandes familles protestantes. On y trouve des militaires de haut rang, des diplomates, des banquiers, voire des élus fédéraux. Le document final est catastrophique. Les positions prises par les membres du CICR sont encore moins virulentes que celles du Vatican, jugé pourtant très modéré, voire complice, à l'époque. Ils avaient été accompagnés par les autorités allemandes pour visiter des camps modèles comme celui de Theresienstadt, mais connaissaient parfaitement la situation dans de nombreux camps d'extermination. Le compte rendu ne fait pourtant aucune référence au droit des personnes, ni aux déportations ou aux camps de concentration, rien non plus sur les Tsiganes ou les Juifs. Cette ultime tentative de réaction est donc un échec : la position du CICR reste arc-boutée sur le respect absolu des conventions de Genève.

L'autre pôle qu'indiquait notre boussole, heureusement, n'a jamais varié, puisqu'il s'agissait et s'agit toujours de s'inspirer de la pensée de Vladimir Jankélévitch. À la fois moraliste, métaphysicien et musicien, ce philosophe lumineux, allègre mais torturé, qui a marqué de son empreinte discrète toute une génération de jeunesse engagée, a été un des premiers, dans son livre *L'Imprescriptible*, à définir la notion même d'imprescriptibilité, au moment où le droit international classique était tenté d'accorder aux crimes nazis le pardon que le temps accorde aux crimes ordinaires. Il avait une façon bien personnelle, implacable, de réfléchir à la notion d'ennemi, car on finit toujours par rencontrer *l'ennemi*. Lui ne faisait aucun cadeau intellectuel et pas vraiment de distinction entre le peuple allemand et le fanatisme nazi. Sa réflexion sur la Croix-Rouge nous inspirait. Je ne l'ai jamais rencontré, Bernard Kouchner l'a croisé, André Glucksmann et Michel Foucault aussi. Il nous fascinait. Il faut dire que nous étions de cette génération qui était trop jeune pour avoir vraiment connu la guerre, même si nos parents l'avaient touchée de près, et que nous étions, comme beaucoup de « gauchistes » des années 1968, inconsolables de ne pas avoir pu prendre notre part à la Résistance...

Moi, en tout cas, la notion de résistance m'a très tôt interpellé : autant qu'il m'en souvienne, cela a été provoqué par mon arrivée, en classe de huitième, au lycée Buffon (qui prenait à l'époque des élèves de la plus petite classe, la douzième, jusqu'à la terminale). Ma famille ne m'avait pas beaucoup parlé des années qui venaient de se terminer. Et là, j'apprenais l'existence des « cinq martyrs du lycée Buffon ». Et puis on nous a projeté, un jour, sous le préau, *Nuit et Brouillard*, le film de Resnais et Marker sur les camps. J'avais neuf ans, mais je crois que c'est là que ma vision du monde s'est forgée. Je ne comprenais pas alors pourquoi mes parents avaient protégé l'enfant que j'étais de cette histoire douloureuse. Il faut dire que je viens d'un milieu protestant et que, chez les protestants, on ne parle pas beaucoup. On agit, mais on se tait.

La journaliste Anne Vallaeys a illustré cette démarche dans un très beau livre, *Dieulefit ou le miracle du silence*, sur la manière dont la petite ville de Dieulefit, dans la Drôme, a caché et protégé pendant la guerre tant de Juifs et de résistants, dans la plus totale discrétion. Hasard ou signe, elle y cite l'action du pasteur Henri Eberhard, mon quasi-homonyme, qui fut le pasteur de ma paroisse de Pentemont, à Paris, lorsque j'étais enfant. Il ne nous a jamais parlé de son action à Dieulefit !

Pendant ce temps, au Biafra, la situation militaire se dégrade à toute vitesse. La Croix-Rouge arrive encore à acheminer un minimum d'aide humanitaire, mais l'armée fédérale se fait un devoir de menacer désormais directement les équipes médicales. En janvier 1970, le combat cesse, faute de combattants côté biafrais, et le colonel Ojukwu embarque sans gloire avec femme et enfants dans un Boeing, direction la Suisse puis la Côte d'Ivoire, laissant son peuple se débrouiller comme il peut. Quant à nous, nous essayons de garder les yeux sur l'horizon : nous disposons enfin, avec MSF, de l'outil dont nous rêvions pour agir sur le monde en médecins citoyens de l'universel, et espérons avoir suffisamment appris du conflit biafrais pour affronter les autres crises humanitaires qui ne vont pas cesser de surgir.

Pour conclure sur cet épisode biafrais, permettez-moi un saut temporel : vingt ans plus tard, je suis retourné au Biafra avec Patrice Van Eersel, qui préparait pour Jean-François Bizot un numéro spécial d'*Actuel* sur Médecins du monde. J'avais l'idée, que j'estimais lumineuse, de retrouver et de faire parler les témoins de la guerre. J'ai dû déchanter très vite : partout, je me suis heurté à un mur d'amnésie, volontaire ou non : personne ne se souvenait de rien, personne n'avait rien vu, d'ailleurs il ne s'était rien passé – sûrement pas ce dont j'avais été témoin. Seule une infirmière m'a reconnu, l'hôpital était toujours en place, recouvert par une végétation luxuriante qui le rendait méconnaissable. Nous avons cependant découvert à Oweri le musée de la Guerre, qui présentait les deux camps. Face à face sur les murs d'un couloir, des photos des belligérants témoignaient de la réalité et de la violence des combats, et d'autres, prises dans les nombreux centres de nutrition, montraient des enfants décharnés. Le musée avait été créé par un colonel yougoslave… Dans ce pays de deux cents millions d'habitants aujourd'hui pour la plupart musulmans, les quelques millions de chrétiens de la minorité Ibo préféraient rester sur leurs gardes et se faire discrets. Vingt ans plus tard, le vieux conflit ethnico-religieux resurgirait dans le Nord avec l'apparition hideuse de Boko Haram. Boko : *books*, livres. *Haram* : interdit. Tout est dit.

Pour ajouter encore à notre amertume, il nous fut donné de vivre, à Paris, quelques années plus tard, un épilogue révulsant, une contre-campagne d'opinion où les médecins qui s'étaient engagés au Biafra se retrouvèrent accusés d'avoir été, au mieux, des pions manipulés par Foccart dans sa tortueuse politique africaine, au pire des complices. On put lire qu'il n'y avait jamais eu de massacre génocidaire ni d'enfants morts de faim, comme tant de reportages en avaient pourtant témoigné. Les véritables responsables de leurs propres malheurs auraient été les Ibos eux-mêmes, apprentis sorciers à l'origine d'une campagne de presse internationale mensongère. Cet épisode m'a laissé non seulement pantois mais blessé, avec un arrière-goût d'impuissance. Le procédé n'est pas neuf, il consiste à salir pour déconsidérer. Mais comment lutter contre ? On ne ressort jamais complètement intact d'une rumeur. Et même si le battage considérable que nous avions contribué à organiser pour faire connaître la cause biafraise a pu agacer parfois, en prendre l'exact contre-pied ne revient-il pas à nier l'existence des victimes ? La raison d'État offense souvent la vérité, mais au moins elle a ses raisons pour cela, c'est Créon qui refuse une sépulture au frère d'Antigone. Le négationnisme non seulement nie la vérité, mais en plus il l'insulte.

II

PAS DE BONNES OU DE MAUVAISES VICTIMES : AU LIBAN, POUR LE MEILLEUR ET POUR LE PIRE

À peine MSF créée, le devoir nous appelle de nouveau : c'est au Liban qu'ont véritablement commencé les missions de guerre de l'association.

Nous sommes fin 1975, à l'aube de la guerre qui voit d'abord les phalangistes chrétiens affronter les Palestiniens, puis Israël et la Syrie prendre l'habitude d'entrer sans prévenir (mais en frappant) avec une belle régularité, et où maintenant l'Iran prend ses aises par Hezbollah interposé. Comme l'a écrit l'un d'entre nous, « on apprenait l'existence d'une nouvelle bataille, d'un nouveau massacre, ou parfois d'une simple tension. Nous prenions notre billet et nous partions à quelques-uns par le premier avion pour Beyrouth ! » Dans un de ces premiers avions, il y avait déjà mes camarades Jacques Bérès, Pierre Pradier et aussi Mario Duran, précédemment rencontrés au Biafra.

Les retrouvailles furent chaleureuses :

« Mario ! quoi de neuf depuis Awo Ommama ?

— Tout va bien, j'ai fait beaucoup de progrès, j'arrive à peu près à gagner ma vie.

— Tu as trouvé une clinique qui te laisse opérer au noir ? »

À cette époque, les médecins sans diplômes français n'avaient toujours pas le droit d'exercer. On n'est pas loin de ce que raconte Erich Maria Remarque, dans son envoûtant livre *Arc de Triomphe*, sur la condition précaire des médecins étrangers en France entre les deux guerres, réduits à travailler clandestinement pour des confrères français peu scrupuleux…

« Non, non, pas du tout, je te parle de ma peinture. Je suis installé à Montmartre, je peins des poulbots, mais je tire aussi le portrait aux touristes, ça marche très bien ! »

Moralité, quand on sauve la vie des autres à coups de bistouri, on peut bien gagner la sienne à coups de pinceau. Pendant une année pleine, à Beyrouth, Mario opéra sans relâche, avec les moyens du bord, des centaines de blessés, qu'on lui amenait de tous les fronts, tenus par des miliciens de toutes les confessions, nous rappelant sans cesse notre credo : il n'y a pas de bonnes ou de mauvaises victimes, il n'y a que des victimes. Il a fallu ainsi tout le savoir-faire et tout le doigté de Bernard Kouchner pour arriver à monter un hôpital sous les bombes dans Nabaa, un quartier dit « palestino-progressiste ». Il était d'ailleurs assez sportif de le rejoindre depuis les lignes tenues par la milice phalangiste, celle des Kataeb, fondée par le premier de la dynastie politique des Gemayel sur le modèle des milices fascistes mussoliniennes. Les rares chauffeurs de taxi, la plupart arméniens, qui acceptaient de nous y conduire roulaient à toute vitesse, la tête rentrée sous le volant, tandis que nous autres passagers nous aplatissions sur le plancher arrière pour éviter les tirs des snipers. Car les Kataeb étaient insensibles à nos arguments, ils ne comprenaient pas pourquoi nous nous obstinions à soigner des militants palestiniens qu'ils tenaient au contraire à massacrer. Et d'ajouter que, s'ils en avaient l'occasion, ils se feraient un plaisir de nous exécuter aussi… Nous répondions que lorsque ce serait leur tour d'être frappés par des bombardements, nous viendrions à leur secours. Ils ne nous croyaient pas mais, plus tard, en 1989, nous aurions l'occasion de le leur prouver…

Pendant ce temps-là, à Paris, une désagréable petite musique commençait à monter du sein même de MSF, où beaucoup de nouveaux venus jugeaient la prise de risque inutile et où d'autres commençaient à ne plus supporter le tapage médiatique que Bernard n'a jamais hésité à provoquer pour faire connaître nos actions.

Mais quand on est sur le terrain, on a la tête ailleurs. Je continuais à m'émerveiller devant la bonté de certains humains : c'est dans ce même quartier de Nabaa que j'ai ainsi pu rencontrer deux personnalités lumineuses dont l'amitié m'honore encore aujourd'hui : la première est sœur Suzanne, une jeune franciscaine syrienne âgée à l'époque de vingt-cinq ans, infirmière dans un camp de réfugiés palestiniens à Beyrouth pendant de longues années puis auprès de réfugiés chiites à Saïda, avec une poignée d'autres religieuses. Aux moments les plus atroces de cette guerre, sœur Suzanne fut toujours présente, s'occupant en priorité des plus vulnérables : enfants, femmes, vieillards… Elle a quitté les ordres en 1990 et, après un passage au Centre cardiologique du Nord (CNN), où j'ai moi-même exercé en tant que cardiologue, elle vit aujourd'hui à Trouville. Récemment cependant, elle n'a pu s'empêcher de repartir travailler en Syrie avec des ONG françaises, au plus fort de la guerre.

L'autre personnalité tout aussi chère à mon cœur rencontrée à Nabaa est un pédiatre, le docteur Kamel Mohanna. Le docteur Mohanna a prouvé qu'il était possible d'accueillir des réfugiés de toutes origines, de toutes confessions, et de les prendre en charge en gommant les différences sociales, ethniques ou religieuses. Cette action, il l'a menée sans désemparer à travers l'association AMEL, qu'il a créée dès les premiers temps du conflit, avec au début des moyens réduits, mais un sens de l'organisation, un bagoût et un entregent qui aplanissaient tous les obstacles. Grand, mince, un inépuisable stock de blagues entretenant la belle humeur autour de lui (« Un Palestinien demande à Dieu quand la paix régnera dans le monde, ce dernier répond : pas de ton vivant. Le Palestinien demande alors quand les siens auront une patrie et Dieu lui répond : pas de mon vivant… »). Sous sa houlette, AMEL n'a cessé de se développer. Financée par l'Europe, l'Institut Mérieux, l'UNHCR, de nombreuses ambassades et des dons individuels, l'association, installée dans un immeuble de plusieurs étages sur la route de l'aéroport, est peuplée de jeunes gens à l'énergie débordante et jouit de la considération générale, ce qui relève du miracle dans la mosaïque de haines confessionnelles qu'est le Liban d'aujourd'hui (une preuve bien libanaise de ce consensus : le docteur Kamel Mohanna n'a jamais été enlevé...). Et l'explosion qui a ravagé le port de Beyrouth a remis au premier plan son action, son dévouement, son efficacité et sa modestie. L'an passé, AMEL figurait même sur la *short list* du prix Nobel de la paix. Tous les ans je vais à Beyrouth y donner une série de cours sur le droit humanitaire à de jeunes juristes et j'ai rêvé il y a quelques années de monter une succursale d'AMEL en France, en Seine-Saint-Denis, où le feu confessionnel commençait aussi à se manifester de manière inquiétante.

Le Liban, ce fut aussi pour nous la rencontre de l'imam Moussa Sadr. Son prestige auprès de la communauté chiite était énorme, il avait fondé lui aussi une association humanitaire influente, le Comité des déshérités, qui agissait en liaison aussi bien avec des sunnites qu'avec des chrétiens, et nous a laissés tout de suite travailler au plus près avec ses équipes. Dans le Sud Liban, de 1976 à 1979, nous allons donc pouvoir, avec son aide, développer des dispensaires et renforcer les équipes des hôpitaux. Il connaîtra très vite un destin tragique : invité en août 1978 à se rendre en Libye, il y disparaîtra sans laisser de traces, probablement assassiné par Kadhafi en personne. Autre victime d'un assassinat politique, l'Iranien Sadegh Ghotbzadeh, notre ami très proche et porte-parole de l'imam Khomeini à Paris, devenu rapidement dans l'Iran révolutionnaire directeur de la radiotélévision puis ministre des Affaires étrangères. Il tentait souvent de nous rassurer au téléphone depuis Téhéran, comme nous nous inquiétions d'une certaine montée du fanatisme religieux, en nous expliquant que cette phase était indispensable à l'avènement d'une véritable démocratie en Iran. Nous étions sceptiques… Il sera brusquement arrêté, puis fusillé, à la prison d'Evin, le 15 septembre 1982, à la suite d'une parodie de procès. Un autre Iranien avec lequel nous avons beaucoup travaillé, Mustapha Chamran, ingénieur formé au Caltech de Los Angeles, devenu pour sa part ministre iranien de la Défense, trouvera en 1981 une mort plus que suspecte sur le front irakien. Tous ces amis en qui nous croyions auraient peut-être, s'ils étaient restés en vie, changé le visage du Moyen-Orient. Mais tous ces amis sont morts.

Encouragés par le succès de notre travail à Beyrouth, très vite nous créons de nouveaux dispensaires dans le Sud-Liban, à Tyr puis à Bassourieh, avec même une maternité, le tout géré par l'anesthésiste Michel Bonnot et Évelyne, sa compagne de l'époque. La tragédie libanaise, ce fut aussi pour moi, en juin 1982, le drame de Sabra et Chatila. L'armée israélienne avait investi la ville de Beyrouth grâce à une opération éclair, « Paix en Galilée ». MDM, malgré le danger, avait installé un hôpital à l'intérieur du lycée français Abdel-Kader de Beyrouth Ouest, mais les bombardements nous avaient très vite obligés à nous replier dans les sous-sols d'un garage du quartier Verdun (un nom adapté à la situation, tellement nous étions retranchés).

Et voici qu'un matin on nous demande d'intervenir en urgence dans le camp de réfugiés de Sabra et Chatila. J'y file avec mon ami Éric Peterman et nous y découvrons l'épouvante. Partout, une odeur de mort. Au sol, des dizaines de cadavres de femmes éventrées, de bébés égorgés. Des vieillards agonisent. L'armée israélienne, qui, théoriquement, protégeait le camp, avait laissé les milices phalangistes y pénétrer et massacrer ses occupants toute la nuit. Complaisance ou négligence, on en discute encore. Sur le moment, l'opinion internationale s'émeut et condamne. De retour à Paris, nous rédigeons une tribune pour *Le Monde*, mais je n'avais pas encore pris toute la mesure de la légèreté parisienne : Jacques Amalric, alors responsable de la rubrique, me l'a refusée au motif qu'elle n'était pas assez bien écrite. Vu l'importance du message, il ne tenait pourtant qu'à lui de lui donner un peu de style. Ce n'est qu'en 2013 que Sorj Chalandon, journaliste à *Libération*, a écrit un livre magnifique relatant sa propre visite des lieux du massacre, *Le Quatrième Mur*. Il aura fallu trente ans pour que l'horreur tragique de Sabra et Chatila soit enfin restituée dans toute sa dimension.

Permettez-moi une digression, ou tout du moins un portrait plus détaillé d'Éric Peterman, dont le travail humanitaire n'a eu de cesse de susciter mon admiration. En effet, après le Liban, il a repris sans trembler la mission à laquelle il consacre sa vie de médecin gynécologue : réparer le corps des femmes, essentiellement en Afrique noire, où la pratique de l'excision fait des ravages. Ils sont au moins deux, lui et son collègue le médecin urologue Pierre Foldès, à s'être dévoués très tôt aux réparations de cette catastrophe culturelle : dans beaucoup de pays africains où pourtant cette pratique est interdite par la loi, on continue à mutiler les femmes. Les ravages sont consternants : une femme excisée, très souvent, se retrouve infirme, avec une fistule recto-vaginale qui, en plus de l'inconfort (le mot est faible), l'empêche d'accoucher (et parmi celles qui accouchent, beaucoup en meurent). Elle ne trouve donc pas de mari, est rejetée par sa famille, puis par le village. Tant Éric Peterman que Pierre Foldès multiplieront les initiatives pour sortir les femmes de cet enfer. La stratégie n'est pas simple car, bien entendu, derrière le culturel, on trouve, comme toujours, l'économique. Les femmes qui pratiquent l'excision, appartenant souvent à une caste de forgerons (rien d'étonnant, les forgerons sont en liaison avec les puissances chtoniennes, souterraines), sont fort bien payées pour leurs services. Elles font vivre, comme en général en Afrique lorsque quelqu'un a accès à un certain revenu, parents et obligés qui lui doivent leur survie. Mettre l'exciseuse au chômage, c'est plonger beaucoup de gens dans la misère. Il y a donc, quand une mission MDM arrive dans un village avec un programme de lutte contre l'excision, une certaine résistance… Malgré tout, les femmes du village sont plutôt acquises à la cause, en tant que femmes justement, et si la pratique est encore bien ancrée, les médecins, de leur côté, ont la loi pour eux ! Et souvent, en s'attirant les bonnes grâces du chef de village, en pactisant avec les griots et en trouvant une activité rémunératrice de substitution pour l'exciseuse, on arrive à enrayer la pratique, en tout cas à la ralentir, même si, on le sait bien, certaines familles, depuis la France, continuent à envoyer leurs filles au pays pour maintenir la tradition.

Il y a pour un médecin engagé deux sortes de guerre : les crises violentes avec massacres, mais aussi la guerre quasi quotidienne, épuisante, contre un ennemi invisible, contre l'inertie, contre une résistance sourde à toute amélioration de la condition humaine. Nous avons toujours, par la force des choses, été amenés à pratiquer les deux en même temps : nos dispensaires au Sud Liban fonctionnaient sous les bombes, mais on y pratiquait également la médecine et la santé du quotidien.

Je ne sais pas encore, à ce moment, la fin des années 1970, que je retournerai plusieurs fois au Liban, dans des contextes tout aussi difficiles. Pour l'heure, mon retour en France me permet de trouver pour un temps l'accalmie… tout du moins c'est ce que je croyais, car les événements allaient me donner tort !

III

SUICIDE À LA DIGITALINE

Nous sommes en 1978, je suis encore un jeune cardiologue et je débarque un week-end au Centre cardiologique du Nord, à Saint-Denis, pour prendre ma garde en réanimation. L'équipe qui m'accueille me raconte tout à trac une drôle d'histoire : une jeune femme s'est présentée la veille au soir, vers vingt-deux heures, très calme, sa petite valise à la main. Elle a tranquillement annoncé qu'elle venait d'avaler vingt milligrammes de digitaline liquide, dans le but de se suicider. La digitaline, comme chacun sait, est un très bon médicament cardiaque mais à forte dose elle devient un poison violent : elle fait battre le cœur à une vitesse folle, entraînant des troubles du rythme mortels, alternant des accélérations à deux cents battements par minute et des ralentissements extrêmes. Aucun patient ayant pris une telle dose n'avait pu être sauvé jusqu'alors. Notre visiteuse confirme qu'elle savait parfaitement ce qu'elle faisait, qu'elle l'avait annoncé à son mari, médecin généraliste, qui nous l'avait amenée. Et l'équipe me dresse le tableau suivant : en pleine forme à son arrivée, la patiente a vu rapidement son état se dégrader. En termes techniques, elle souffre d'hyperexcitabilité auriculaire, hyperexcitabilité ventriculaire, bloc auriculo-ventriculaire. On l'installe en salle de cathétérisme avec pose d'une sonde d'entraînement dans le ventricule droit, pour redémarrer le cœur à chaque fois qu'il s'arrête. Quand il se met à fibriller, il faut le « choquer », et quand il ne répond plus aux chocs, on passe aux massages cardiaques.

Lorsque j'arrive, voilà dix heures que l'équipe soignante la maintient vaille que vaille. Tout le monde est un peu fatigué et chacun s'éclipse sur la pointe des pieds en me souhaitant bonne chance… Par acquit de conscience, j'appelle le centre antipoison de l'hôpital Fernand-Widal et la réponse est nette : aucun patient n'a pu être sauvé après ingestion d'une telle dose, nous ne pouvons rien faire de mieux, gardez-la chez vous !

Aucune chance ? Et si par hasard… Je commence par aller fouiller dans la bibliothèque du CCN pour consulter la littérature existante, composée uniquement de publications papier, car nous sommes à la fin des années 1970 et Internet n'existe pas. Heureusement, cette bibliothèque professionnelle est particulièrement bien fournie et à l'entrée « intoxication digitaline », je tombe sur un article d'un certain Vincent P. Butler, professeur de médecine à Columbia University, New York. C'est très technique, c'est de l'immunologie, je n'y connais pas grand-chose, mais je comprends quand même qu'il a réussi à mettre au point un antidote. Ah, ah ! Et si je l'appelais ? Mais nous sommes encore dans la préhistoire téléphonique, l'outil est une denrée rare et coûteuse, à tel point qu'on ne trouve pratiquement jamais en milieu hospitalier de ligne directe permettant d'appeler à l'étranger. Mais cette fois, miracle, il y en a une dans la chambre du cardiologue de garde. J'appelle donc Richard Goldstein, avec qui je viens de fonder, à New York, Doctors Without Borders – c'était une époque où nous souhaitions internationaliser MSF –, lequel réagit au quart de tour et entreprend de localiser ce fameux Butler. Il file à Columbia, dans le nord de la ville et, second miracle, tombe sur Butler en personne en train de travailler dans son laboratoire. Un samedi matin ! Évidemment, ledit Butler est tout de suite très intéressé : la digitaline en gouttes n'existe pas aux États-Unis, on ne la trouve qu'en pilules, sous le nom de digoxine, il entrevoit la possibilité de tester l'efficacité de ses anticorps antidigoxine fractionnés FAB par réaction croisée, obtenus grâce à l'immunisation d'un troupeau de moutons paissant paisiblement… sur les toits de Columbia. Comme le poids moléculaire de la digitaline est trop important et ne peut être éliminé dans les urines, il imagine de créer des anticorps fractionnés qui pourront se fixer sur la digitaline et être exclus de l'organisme. Il l'a testé sur des moutons et ça marche.

Est-ce que ce docteur Aeberhard peut l'appeler ? Mais comment donc, tout de suite ! Et je commence à discuter avec lui pendant que mon équipe s'évertue à faire tout son possible autour de la patiente, à l'étage en dessous. Butler me signale quand même deux gros problèmes : le premier est la possibilité d'une réaction sérique, une allergie souvent mortelle, bien que le produit antidote soit traité pour éviter ce risque au maximum. En outre si l'imprégnation digitalique, la période pendant laquelle le produit se fixe sur le myocarde, est bien de quatorze jours, je ne peux espérer maintenir la patiente en vie aussi longtemps. Le second problème est que cet antidote coûte extrêmement cher. Mais enfin, il en détient une dose congelée qu'il est prêt à m'envoyer gratuitement. À moi de la décongeler, de la filtrer, de la titrer, ce qui ne peut se faire qu'en laboratoire, pour enfin l'injecter.

Dans ma tête commence à s'esquisser l'idée d'une solution, mais tellement vague, tellement improbable que tout en me lançant je retiens mon souffle. Et la chaîne démarre. Il est vingt heures à Paris, quatorze heures à New York. Richard Goldstein se fait remettre par Butler la précieuse dose. Il file à JFK, met la main sur un commandant de bord d'Air France qui accepte de la convoyer dans la glacière de son Boeing (voilà encore quelque chose qui, de nos jours, serait rigoureusement impossible). À huit heures du matin heure de Paris, l'avion se pose à Roissy, où j'ai envoyé mon interne avec deux motards de la gendarmerie récupérer le produit et l'apporter à l'hôpital Necker, pour une décongélation en laboratoire d'immunologie. Mais le directeur du laboratoire débarque, monte sur ses grands chevaux et refuse tout net qu'une telle opération soit réalisée pour le compte d'une clinique privée... Pendant que le ton monte et que la discussion part dans tous les sens, le produit est filtré et titré, l'interne profite de l'agitation générale pour s'en emparer et s'éclipser. Toujours escorté par les deux motards de la gendarmerie, il revient au galop au CCN. La suite, bien qu'il s'agisse d'un quasi-miracle, est heureuse. Une demi-heure après l'injection, tous les signes de rétablissement vont dans le bon sens : exclusion massive de la digitaline dans les urines, taux de potassium sur la cellule cardiaque tombant de 7 à 3… Le mari de la jeune femme, qui depuis le début ne cessait de me suggérer que ce n'était peut-être pas la peine de s'acharner, ne dit plus rien. Toutes les minutes, je congèle un échantillon de sang et d'urine que me réclame Butler, qui bout d'impatience de l'autre côté de l'Atlantique. Au bout de vingt-quatre heures, la patiente se réveille. Elle ne présente aucune séquelle. Une semaine plus tard, elle quitte la clinique en compagnie de son mari.

De nos jours, ce type d'intervention peut sembler banale, mais à l'époque, alors que nous ne sommes même pas encore entrés dans les années 1980, les moyens de diffusion de l'information scientifique sont encore balbutiants. En trois clics, je pourrais aujourd'hui réunir toute la documentation nécessaire, mais à l'époque il a fallu l'énorme chance que le CCN se soit constitué une bibliothèque particulièrement pointue, ce qui n'était pas toujours le cas ailleurs, même dans d'excellents hôpitaux publics. Et si j'ai pu mettre la main sur l'article de Butler et déclencher l'opération, je dois avouer que le manque d'informations complémentaires et mes lacunes personnelles m'ont empêché sur le moment d'y comprendre grand-chose. Il a fallu que le docteur Jacques Leibowitch, un des grands spécialistes du sida, me prenne par la main pour que j'y voie plus clair et que je puisse rédiger un article compréhensible sur cette grande première, signé avec Vincent P. Butler.

Ensuite, cette opération commando « toute simple » soulevait de redoutables problèmes à la fois éthiques et juridiques. Le problème éthique, c'est celui du pouvoir, qu'on peut bien appeler de vie et de mort, du médecin. Si l'opération avait mal tourné et que la jeune femme fût décédée au cours de la tentative de sauvetage, son époux, sa famille auraient très bien pu porter plainte. Lorsqu'un cas de ce genre arrive dans un service, au bout de quelques heures tout le monde est au courant et la décision devient en quelque sorte collective, même si elle relève en dernier ressort d'un seul individu, le médecin. Pour ma part, je n'ai vraiment pas ce genre de réticences : ayant eu souvent à intervenir en urgence sur de nombreux fronts, en particulier au Sud Liban pendant les affrontements entre Palestiniens et phalangistes, j'ai été entraîné à prendre rapidement des décisions comparables. Cela dans l'esprit de notre morale MSF issue de Mai 68 : agir à tout prix. Cette morale est peut-être périlleuse, mais c'est encore la mienne.

Il y a aussi les aspects juridiques car, dans la droite ligne de la refondation des lois internationales issue du procès de Nuremberg, l'utilisation de produits nouveaux sur la personne est très strictement encadrée et les droits des malades, heureusement, ont été particulièrement protégés. Mais je n'aurais jamais pensé tout seul à un dernier écueil qui m'a été révélé un peu plus tard. Une fois publié l'article rédigé avec Butler, j'ai été invité à le présenter à Columbia, devant un parterre assez relevé où l'on ne comptait pas moins de quatre Prix Nobel de médecine, dont André Cournand, le médecin français à l'origine du cathétérisme, alors âgé de quatre-vingt-quatre ans. Je n'étais, je peux bien le dire, pas peu fier de moi. Une fois la présentation terminée, André Cournand m'a entraîné dans son bureau. Il m'a renouvelé ses félicitations, avec un sourire exquis. J'aurais dû me méfier, car il a enchaîné sans transition : « Jeune homme..., me dit-il d'une voix suave, vous auriez fait cela aux États-Unis, vous auriez très bien pu être poursuivi pour avoir empêché le suicide d'une personne contre son bon vouloir... »

Et c'était vrai. Nous sommes parfois confrontés à cette question : que doit faire un médecin face à une tentative de suicide sérieuse, déterminée, un suicide qui ne soit pas un appel au secours déguisé ? La question est douloureuse et complexe. Ma position personnelle est que s'il s'agit d'une personne jeune, il faut quand même tout faire pour la sauver, afin de lui ménager une seconde chance. Et le cas de l'héroïne involontaire que je viens de vous narrer s'inscrit bien dans ce cadre, mais d'une manière encore plus subtile. Pendant toute la course contre la montre, j'ai dit que j'avais été un peu troublé par l'attitude énigmatique du mari, venu à la clinique avec son épouse « mourante », reparti de la clinique avec son épouse « sauvée », mais sans avoir manifesté d'émotion particulière. Et je n'ai plus eu de nouvelles de ma patiente jusqu'à un jour de 1992, treize ans plus tard, où elle est venue me consulter à mon cabinet. « Bonjour docteur, je voulais vous dire que quand votre équipe m'a sauvée, ce n'était pas du tout grâce à votre antidigoxine fractionnée, c'est une puissance spirituelle qui était en moi qui a finalement agi... » J'en suis resté bouche bée et j'ai dû bredouiller un vague

« D'accord… ». Puis je l'ai examinée pour la forme. « Tout va bien, rien à signaler, au revoir madame, au plaisir. » Mais en 2000, huit ans plus tard, lors d'une consultation au CCN, je repère à nouveau son nom sur une fiche de rendez-vous. Et là, virage à cent quatre-vingts degrés : « Docteur, je voulais vous dire que j'ai divorcé de mon mari, je me suis installée dans le Midi, j'ai rencontré un homme formidable, j'ai une vie merveilleuse et je tenais à vous remercier. » Elle était donc heureuse d'avoir été sauvée du suicide. Mais il lui avait quand même fallu vingt ans et peut-être la fin d'une emprise pour s'en convaincre. C'est là que la remarque du docteur Cournand m'est revenue en mémoire et que j'ai compris combien elle était vertigineuse.

Au surplus, je me demande si cette aventure folle aurait été possible ailleurs qu'au CCN, le Centre cardiologique du Nord, à Saint-Denis, un organisme atypique et paradoxal à son époque et encore plus à la nôtre, et auquel ma vie est liée depuis bientôt quarante ans.

Au départ de cette institution, il y a un personnage hors norme, le docteur Bernard Morin, décédé en 2019. Résistant, évadé d'un convoi pour Auschwitz, communiste et même stalinien assumé, très grand cardiologue à une époque où la discipline est encore un peu élémentaire, il tranche dans le milieu plutôt conservateur de l'élite médicale du moment. Il aggrave son cas en 1968, où il se fait remarquer par un activisme frénétique. Il n'avait pas eu trop de mal à passer de Staline à Mao, parce que son autre passion, avec la cardiologie, était l'apprentissage des langues. Il avait évidemment appris le russe pour mieux s'imprégner de la doctrine soviétique, de même qu'il lui a semblé plus tard tout naturel de se mettre au chinois pour mieux se pénétrer de la pensée de Mao Zedong. Mais l'ambiance politique de l'époque n'arrange pas ses relations avec les mandarins, que ses amis de la gauche prolétarienne ou autres groupuscules ont copieusement insultés, un peu bousculés, voire parfois séquestrés, pendant toute la période de Mai. Il comprend donc que, si brillant qu'il soit, une carrière classique au sein de l'Assistance publique lui est définitivement fermée. Qu'à cela ne tienne, il s'installe comme cardiologue à Saint-Denis, alors banlieue ouvrière, où il ne tarde pas à s'épanouir. Rayonnant sur les municipalités communistes des alentours et sur Sarcelles, il se constitue une clientèle prodigieuse dans un département où il a été un temps le seul cardiologue ! Flairant le vent, il va se renseigner un peu à New York et en Suède sur l'état de l'art et en revient en concluant qu'en cardiologie l'avenir est à la réanimation. Car à cette époque, la principale affection cardiaque, l'infarctus du myocarde, débouchait sur environ vingt pour cent de décès. On ne savait pas prendre les malades en charge dans l'urgence et une fois qu'ils arrivaient à l'hôpital on ne savait pas très bien non plus comment les soigner… Le problème a été réglé plus tard avec l'apparition du Samu pour la prise en charge et les progrès de la réanimation à l'hôpital, notamment le choc électrique, mais Bernard Morin a été pionnier en la matière et a longtemps gardé une longueur d'avance, d'autant que le CCN était un établissement privé et jouissait d'une liberté d'initiative qui n'existait pas au sein de l'Assistance publique.

De retour de Suède, en 1971, il décide donc de fonder à Saint-Denis un centre de réanimation qui sera le plus moderne de France, et cela dans un territoire où s'étale la misère et où s'est installée une importante population immigrée, portugaise et nord-africaine. La Mairie lui offre un terrain quasi gratuit, il trouve un architecte, négocie un emprunt, les murs montent et le centre voit le jour. En très peu de temps il couvre toute la région, laissant sur place l'Assistance publique.

En 1974, à peine revenu du service militaire que j'avais effectué comme médecin coopérant à Tunis, tandis que je cherchais un travail en parallèle de mes activités bénévoles à MSF, je me suis présenté au CCN, alléché par sa réputation qui commençait à poindre, « bonsoir, vous cherchez un réanimateur, me voici… » J'avais un peu enjolivé mes capacités en la matière. J'ai été accueilli à bras ouverts par Bernard Morin et son associé Armand Benacerraf, professeur agrégé tout juste revenu du Maroc qu'il s'était résolu à quitter, et ç'a été le début d'une collaboration passionnante et houleuse, car la toile de fond était compliquée : d'une part, alors qu'avec MSF je touchais plutôt à des problèmes de santé publique de base et politiques, le CCN était au top de l'innovation technique, ce qui exigeait de moi une rude mise à niveau. De l'autre, alors que Bernard Morin était resté stalinien pur et dur, je faisais partie d'une association qui luttait vigoureusement contre les régimes communistes. Mais les éclats de voix dans les couloirs s'apaisaient miraculeusement au chevet des patients, où une fraternelle compétition nous faisait jouer du stéthoscope, seul moyen à l'époque de faire un diagnostic. Je dois dire qu'au cours de mes passages successifs au ministère de la Santé, lorsque Bernard Kouchner était aux affaires, je me suis fait un point d'honneur de rendre au CCN un peu de ce qu'il m'avait si généreusement offert, en faisant avancer quelques dossiers technico-administratifs classiquement englués. Je dois ajouter que Bernard Morin a été plus que patient avec moi, acceptant sans broncher mes absences réitérées lorsque je partais du jour au lendemain avec MSF ou MDM aux quatre coins du monde. Ce fut réellement excitant de travailler avec le CCN, car pendant longtemps nous avons été les meilleurs du secteur. C'est dans cet établissement que l'on a pu réaliser, avec le chirurgien virtuose Arrigo Lessana, les progrès les plus importants de la chirurgie cardiaque comme la plastie de la valve mitrale et les pontages coronaires « tout artériel ».

Surtout, ce centre continue d'être un paradoxe : la cardiologie conventionnée dispensée par un établissement privé dans un territoire déshérité ! Malgré la relève et le changement de génération, on y continue d'assumer cet idéal, né d'une utopie que les conditions économiques actuelles ne permettraient plus de créer. D'autant qu'en quarante ans j'ai pu voir la ville et plus largement la Seine-Saint-Denis se transformer profondément, toujours aussi pauvres, toujours aussi délaissées, mais beaucoup plus multiculturelles avec des dizaines de nationalités, de plus en plus radicalisées, toujours défavorisées en ce qui concerne l'accès aux soins et à l'éducation, et où le CCN reste plus que jamais une exception.

IV

LES PRISONNIERS DE LIBERTAD

Pendant que le jeune médecin que je suis fait ses classes et en apprend un peu plus tous les jours, le monde continue de tourner, et les conflits font rage à l'autre bout du monde. MSF m'appelle : c'est ainsi qu'en 1978 toujours, je m'envole avec trois autres médecins pour l'Uruguay : Bernard Kouchner, Stanislas Tomkiewicz, dit Tom, survivant des camps et grand pédopsychiatre, et François Guérin, professeur de cardiologie. L'Uruguay du président Aparicio Méndez, apparemment paisible démocratie, longtemps surnommée la Suisse de l'Amérique du Sud, est en réalité une assez féroce dictature, prospérant à l'ombre de l'opération Condor, qui voit les services secrets américains et français favoriser et assister les pires régimes militaires au Brésil, en Argentine, en Bolivie… D'autant qu'ils ont face à eux des mouvements révolutionnaires plutôt radicaux et qu'en Uruguay en particulier, la rébellion des Tupamaros n'est pas menée par des enfants de chœur. Reçus sur place par les plus hautes autorités, nous exigeons la vérité avec d'autant plus d'aplomb que nous exagérons sans vergogne notre importance et notre poids politique : vu de près, même si nous avons déjà réussi plusieurs opérations d'envergure, MSF n'est encore qu'un aimable bricolage au regard d'un État. Par bonheur, mon second passeport, car je suis aussi citoyen helvétique, me permet de représenter dignement MSF Suisse, ce qui nous donne une indiscutable stature internationale. Nous avons en main une liste d'où il ressort que dans la trop bien nommée prison Libertad quarante-quatre hommes et vingt femmes sont détenus dans un état de santé alarmant. Nous agitons ce problème sous le nez des divers dignitaires qui nous reçoivent. Nous leur présentons aussi les noms de neuf détenus politiques également fort mal en point, d'anciens dirigeants tupamaros, dont deux bénéficiant de la double nationalité franco-uruguayenne.

Pendant toute une semaine, nous enchaînons les entrevues : le ministre de la Santé, le ministre de la Défense, et toute une kyrielle de responsables d'hôpitaux militaires. Sur le papier, tous sont habilités à accéder à nos demandes. Mais ce n'est pas si simple, il faut le comprendre.

« Rencontrer les prisonniers malades ? Mais certainement, cela doit pouvoir se faire, nous n'avons rien à cacher. Nous allons voir comment se présente la situation et nous vous informerons dès que possible. Un peu de patience, vous connaissez l'administration, il y a toujours des délais à respecter, et même hélas des lourdeurs bureaucratiques, mais nous sommes une démocratie, même si nous traversons des moments difficiles, faites-nous confiance... » Nous avons le privilège d'entendre jusqu'à plus soif toutes les variantes possibles de ces promesses lénifiantes qui n'aboutissent jamais.

Ils nous font cependant remarquer que les milliers de lettres qu'ils reçoivent d'associations comme Amnesty International, en nous montrant des montagnes de lettres dans un coin de leur bureau, les irritent.

Nous réussissons quand même à rencontrer les médecins militaires de la prison et pendant trois heures, à leur vif déplaisir, nous leur demandons des comptes. Nous leur détaillons les cas, un par un, de tous les prisonniers malades. Contrairement aux politiques et aux bureaucrates, ils ne peuvent user de belles phrases apaisantes, ils sont médecins, nous sommes médecins, nous parlons boutique. Quand la pression vient de confrères informés, il est difficile de se dérober. Bien qu'ils restent polis, ils n'apprécient guère, surtout quand nous leur faisons savoir qu'à notre retour nous les tiendrons pour collectivement responsables de la santé des prisonniers. De toutes nos entrevues, ce fut la plus intéressante, mais les jours passaient quand même sans la moindre avancée réelle. Lorsqu'il fut évident que la force d'inertie qu'on nous opposait serait sans limite et que nous n'obtiendrions rien d'autre que de belles paroles, nous nous sommes résignés à rentrer en France sans avoir pu rencontrer aucun de ceux dont nous avions les noms. Un coup pour rien, donc ? Nous avons tout de même caressé l'espoir, en reprenant l'avion, que les tortionnaires deviennent un peu plus prudents, puisqu'ils savaient désormais qu'on les avait à l'œil de l'autre côté de l'Atlantique.

Vingt-cinq ans plus tard, au Centre cardiologique du Nord, je reçois dans mon service un malade uruguayen, qui avait été interné à la prison Libertad au moment même où nous étions sur place. Il est accompagné de son épouse. Tous deux opposants flamboyants à la dictature de leur pays, ils avaient fini par se réfugier en France. Au premier coup d'œil, la femme me reconnaît et nous nous tombons dans les bras. Elle me raconte tout de suite que notre initiative, même si nous étions rentrés bredouilles, avait eu un énorme effet auprès des détenus, à la façon d'une goutte d'eau pour des assoiffés. Nous évoquons Miguel Angel Estrella, le pianiste argentin, aussi détenu à Libertad, où il s'exerçait à récupérer l'usage de ses doigts, brisés par ses bourreaux argentins, en jouant sur un piano muet.

Une grande campagne internationale est quand même arrivée à le faire libérer. Il a été nommé ensuite ambassadeur d'Argentine à l'Unesco et reste le défenseur infatigable de tous les opprimés.

Mais retournons à l'année qui nous intéresse, à notre retour de Montevideo. En effet, l'année 1978 ne faisait que commencer. Et avant qu'elle se termine elle devait être, pour la poignée de médecins un peu improvisateurs qui avaient créé MSF, le moment tout à la fois d'une opération hors norme, d'une désagréable surprise, d'une énorme amertume et d'un violent déchirement. J'ai déjà dit que depuis quelque temps un concert de grommellements à bas bruit se faisait entendre au siège de l'association, rue Daviel, en plein quartier de la Butte-aux-Cailles. En gros, on nous reprochait d'être trop aventuriers et pas assez strictement médecins. La présidence de l'association était assurée par Claude Malhuret, un jeune (déjà, nous avions affaire à des générations plus modernes...) que nous avions accueilli pleins d'enthousiasme après sa brillante gestion d'une crise sanitaire en Thaïlande dans les camps de réfugiés cambodgiens. Ancien gauchiste, il s'affirma très vite comme un fin politique, bon organisateur, redoutable manœuvrier, grignotant notre « autorité » morale par un minutieux travail de sape, obtenant bureaucratiquement le contrôle des cellules régionales de MSF pendant que nous épuisions nos énergies sur les terrains de conflit.

Pour ma part, j'avoue que je n'ai pas vu arriver l'avalanche : à cette époque, je suis tout simplement débordé par mon travail quotidien au CCN, par les missions au Liban, en particulier par l'installation d'un dispensaire à Tyr, tout près de la frontière israélienne, par la mission antitortionnaire à Montevideo, par l'organisation, avec Richard Goldstein, à New York, de la section américaine de MSF, Doctors Without Borders. En plus, je n'ai aucun goût pour les intrigues de couloir. Je suis tout de même plutôt choqué quand j'apprends qu'aucun d'entre nous, les « anciens », n'a été convié à la réception organisée par MSF en l'honneur du frère de Yasser Arafat, lui-même médecin et président du

Croissant rouge palestinien, avec lequel nous travaillons au Liban ! Et je commence à sentir qu'on se méfie de moi, qu'on me présente comme un « kouchnérien » convaincu (ce que je suis bel et bien). On voit apparaître des clans, on manœuvre dans l'ombre, on serre les rangs, les fidélités se renforcent ou se délitent. Au moment de la rupture finale, j'ai le regret de dire que de « la bande » des pères fondateurs, un seul, Xavier Emmanuelli, choisira de passer dans le camp d'en face.

L'atmosphère de générosité et d'inventivité va donc laisser place aux déchirements lors de l'assemblée générale de MSF en juin 1979 à l'hôtel Hilton. Victime de sa notoriété, l'association a doublé de taille en quelques mois : on parle de deux mille adhérents. Dans les sections des villes de province, tous les arguments sont bons pour nous discréditer auprès des petits nouveaux, les jeunes médecins et infirmiers, on réveille un bon vieil antiparisianisme primaire, on souffle sur les braises des jalousies, on montre du doigt les sorties, certes flamboyantes, de Bernard Kouchner. Plus « politiquement », on nous accuse carrément d'être à la solde de l'impérialisme yankee, puisque nous serions en train de tenter de déstabiliser les régimes marxistes de la péninsule indochinoise, flambeaux de la révolution mondiale qui vient. Notre réponse sera un texte pour l'assemblée générale signé par une vingtaine d'anciens, où nous sommes tout aussi aimables mais nettement plus exacts : nous critiquons les dérives de MSF, son pseudo-professionnalisme, la décision de rétribuer les missions, transformant ainsi des militants en salariés, le choix très sélectif des opérations, l'opposition à toute mission de témoignage et enfin le sabotage constant et sournois, depuis l'intérieur de MSF, de l'opération Un bateau pour le Vietnam.

L'ambiance est lourde lorsque je pénètre dans la salle où se tient l'assemblée générale, et encore plus quand je remonte les travées entre deux rangées de regards mauvais. Claude Malhuret monte à la tribune et présente son rapport moral en tant que président sortant. C'est un brillant orateur, il décrit en détail les activités bien remplies de l'association, oubliant juste de mentionner nos opérations en mer de Chine. C'est un peu plus qu'une lacune… Puis c'est au tour des « kouchnériens » de prendre le micro, d'abord Pierre Pradier, puis Jacques Bérès, puis moi. À l'époque je n'ai pas encore l'habitude de parler en public, j'ai la gorge sèche, je lis comme je peux une quinzaine de pages rédigées à la hâte sur un coin de table. Je rappelle les idéaux qui ont présidé à la création de MSF, la nécessité de nous développer sans nous renier, l'importance de l'indépendance pour une ONG, le devoir absolu de témoigner contre l'oubli, comme dans le cas du Biafra. Au passage, je fais même allusion à l'opération digitaline que je viens de vivre, tentant un parallèle avec les problèmes éthiques et techniques que rencontre la médecine humanitaire. J'enchaîne sur les initiatives de Malhuret qui me sont restées en travers de la gorge : arrêt sans préavis des missions au Liban, absence de soutien, pour dire le moins, à l'opération d'aide aux émigrés vietnamiens, création unilatérale d'un journal officiel de MSF... Lorsque je termine, j'entends une bonne partie de la salle m'applaudir. André Glucksmann me tape sur l'épaule : « Tu as été très bien... » En tout cas, j'ai dit ce que j'avais à dire. C'est Bernard Kouchner qui monte à la tribune pour la conclusion. Il frappe comme un sourd : « Pour moi, MSF est morte, tuée en plein vol, par des bureaucrates de la charité, par des technocrates de l'assistance... » On sent qu'il s'apprête à démissionner de la structure qu'il a créée il y a à peine sept années. Les esprits s'échauffent, les noms d'oiseaux volent à travers les rangées. Le spectacle n'est pas brillant, au point que les représentants du HCR et de la Croix-Rouge, écœurés, décident de quitter le congrès. Enfin, il faut bien passer au vote. Grâce aux procurations patiemment récoltées en province lors des mois précédents, le rapport moral de Malhuret est adopté. Kouchner reprend la parole. Il crie : « Il y a une limite aux mensonges, cette direction n'a pas d'honneur. Le pouvoir que nous lui avons fourni lui procure trop de vanité ! » Et nous quittons la salle. C'est Emmanuelli qui est élu nouveau président. Lui et Malhuret, qui viennent de nous accuser d'être proaméricains, ne savent pas encore, même si personne ne songerait sérieusement à le leur reprocher, qu'ils seront quelques années plus tard secrétaires d'État dans un gouvernement de droite, ce qui arrivera aussi à Bernard Kouchner, d'ailleurs.

En sortant de l'assemblée générale, comme mes amis également évincés, je suis triste mais pas abattu : car si

« MSF est mort », comme le dit Kouchner, une autre association est sur le point de voir le jour et de changer ma vie : Médecins du monde.

V

VIETNAM, L'*ÎLE DE LUMIÈRE*

Pendant ce temps de crêpage de chignons interne, la mission qui me tient particulièrement à cœur à ce moment de ma vie, l'opération *Île de lumière* pour l'aide aux émigrés vietnamiens, se met en place et promet un beau succès.

Tout remonte au 20 novembre 1978, lorsque Bernard Kouchner arrive à réunir les personnalités brillantes précédemment citées (Jean-Paul Sartre, Raymond Aron, Yves Montand, Simone Signoret, André Glucksmann). Voilà plusieurs semaines que les boat people se noient en mer de Chine sans que l'opinion internationale s'en émeuve, et Kouchner veut mobiliser le public. Il décrit d'ailleurs la situation dans son ouvrage *L'Île de lumièr*e : « Chaque jour, des embarcations improvisées affrontent les tempêtes. Des milliers de Vietnamiens, en s'échappant, tentent de vivre. La moitié se noie, tous sont rançonnés, subissent l'assaut des pirates. Trouvons donc en Europe, en Amérique, en Asie, en Australie, des pays d'accueil. Mais faisons plus : allons chercher ces fugitifs. Un bateau en mer de Chine doit pouvoir en permanence rechercher, repêcher des

Vietnamiens qui ont pris le risque de quitter leur pays. L'urgence, c'est un bateau, un équipage, de l'argent, une bouée, un refuge. Ensuite, des pays d'accueil. Nous nous engageons aujourd'hui à réunir les éléments de cette intervention d'urgence. » Il faut dire qu'un certain nombre de représentants de MSF qui avaient assisté sur place à la chute de Saïgon étaient assez enthousiastes.

On sait qu'à la suite de la victoire complète du Vietminh sur l'ensemble du pays, en 1975, beaucoup d'habitants du Sud, en particulier la communauté sino-vietnamienne de Cholon, un faubourg de Saïgon, ont cru possible de s'entendre avec le nouveau régime. La poigne de fer d'Ho Chi Minh leur faisant assez vite comprendre qu'il s'agit d'une illusion, beaucoup d'entre eux, promptement baptisés les « boat people », commencent à quitter le pays clandestinement, par la mer, à bord d'embarcations de fortune. Ils sont souvent rançonnés par des pirates, les femmes sont violées, beaucoup de gens se noient. En France, un comité s'active pour essayer de leur venir en aide. Claude Malhuret, dans un premier temps, accepte de prendre en charge la partie médicale de l'opération au nom de MSF, mais en réalité ne respectera pas son engagement. Nous arrivons cependant à affréter, en février 1979, le bateau *Île de lumière*, qui opérera à partir de la Nouvelle-Calédonie.

Et nous nous retrouvons donc à nous battre sur deux fronts : le front concret des sauvetages en mer, de l'autre côté du globe, et celui plus insidieux de notre petite guerre civile personnelle. Xavier Emmanuelli publie dans *Le Quotidien du médecin* un article ridiculisant notre action, sous le titre « Un bateau pour Saint-Germain-des-Prés », accélérant un danger immédiat : il faut de toute urgence conforter la confiance que nous accordent encore les responsables gouvernementaux, auprès de qui tant de bons amis nous savonnent la planche. Mais une fois de plus, l'énergie pugnace de Bernard Kouchner va faire merveille et permettre, en parant au plus pressé, de préserver l'essentiel. Car le 11 avril 1979, l'*Île de lumière* recueille ses premiers naufragés. Aux yeux de l'opinion publique, c'est encore une opération MSF. Dans les faits, cependant, ce n'est déjà plus le cas : Malhuret n'a pas tenu son engagement initial.

Le président Giscard d'Estaing nous fait savoir que cent mille visas seront mis à la disposition de nos réfugiés vietnamiens. Cent mille ! Un chiffre qui créerait de nos jours un séisme politique… Jean-Paul Sartre et Raymond Aron sont reçus à l'Élysée et tiennent ensuite une conférence de presse commune à l'hôtel Lutetia ; flanqués d'André Glucksmann, des Broyelle, de Mario Bettati et de maître Miquel, ils se serrent la main et scellent ainsi leur réconciliation après une brouille de plus de trente ans, Sartre explique : « Ce qui compte ici, c'est que ce sont des hommes. Des hommes en danger de mort. » Le moment intellectuel est considérable : Sartre acceptant d'avoir raison avec Aron et Aron ne refusant pas de se tromper un peu avec Sartre, on aurait pu, avec un peu de perspicacité, y percevoir déjà l'abandon des cadres idéologiques qui avaient gouverné la société française d'après-guerre et dont la rigidité nous laisse maintenant pantois.

En trois mois, nous réussissons donc ce que nous pensions impossible : réunir les fonds pour affréter un navire. Grâce à notre ami Patrick Chapel, militant socialiste et armateur, ce sera l'*Île de lumière*, un cargo de quatre-vingt-dix mètres et mille cinq cents tonneaux de la Compagnie des chargeurs calédoniens, en excellent état puisque construit dix ans plus tôt aux Pays-Bas. Son commandant, François Herbelin, n'a que vingt-neuf ans. Le faux-pont permet une transformation facile en navire-hôpital, nous y installons promptement une centaine de lits et mettons le cap sur Singapour. Les dix-sept membres habituels de l'équipage, français, kanaks, wallisiens, font prudemment connaissance avec leurs étranges passagers, qui sont chirurgiens, radiologues ou infirmiers, Patrick Laburthe, Éric Cheysson, Jacques Bérès, Vladan Radoman, Jean-Claude Sénéchal, Jean-Élie Malkin. Le commandant François Herbelin jette l'ancre dans les eaux malaises, à quelques encablures de l'île de Poulo Bidong. L'appel d'air est instantané : le bateau fait immédiatement office d'hôpital pour les quelque vingt mille réfugiés vietnamiens qui sont parqués dans un camp, une vedette n'arrête pas de faire la navette avec la terre, nous amenant des malades, ramenant à terre des patients remis sur pied. Quant à la vie du bord, elle reste dans la grande tradition maritime : tous les soirs, le commandant tient table ouverte dans le carré. C'est là qu'il rencontre une jeune réfugiée à laquelle il ne restera pas insensible. Quelques années plus tard, ils se marieront et auront cinq enfants, dont Caroline, devenue depuis spécialiste de géopolitique de l'Asie du Sud-Est à l'université de Toulouse-II-Le Mirail.

Après cette mission « statique » qui dure neuf mois, le comité Un bateau pour le Vietnam décide d'en tenter une nouvelle, beaucoup plus ambitieuse, en mer. Il s'agit cette fois d'aller au-devant des embarcations de fortune qui, nous le savons, font souvent naufrage et dont les passagers disparaissent corps et biens. L'*Île de lumière* patrouillera donc plusieurs semaines en mer de Chine, escorté par des bâtiments de la marine indonésienne, repêchant jour après jour des naufragés qu'il achemine ensuite sur l'île de Batam, en face de Singapour. C'est là qu'ils entament de leur côté le jeu de l'oie administratif qui les mènera, si tout va bien, jusqu'à l'obtention d'un visa. Un certain nombre espèrent être accueilli en France, mais la plupart souhaitent se rendre aux États-Unis, ce qui fonctionne plutôt bien. Un dernier acte de la mission, imprévu, sera d'apporter de l'aide à la population de Phnom Penh, au Cambodge, tout récemment libérée du régime des Khmers rouges. La campagne terminée, l'*Île de lumière* reprendra sa paisible vie de cargo commercial faisant la navette entre la Nouvelle-Calédonie et l'Australie.

Mais l'idée a été reprise et l'opération ne sera pas, comme parfois, un coup d'éclat sans lendemain. Tout au long des années 1980, ce n'est pas moins de huit bateaux qui se porteront régulièrement au secours des boat people. C'est d'abord le *Jean Charcot*, en 1985, qui repêche cinq cent vingt naufragés. C'est l'année suivante le *Cap Anamur*, avec neuf cents personnes sauvées en mer de Chine. Le Haut-Commissariat des

Nations unies pour les réfugiés (HCR) voit sans plaisir ses camps de réfugiés gonfler, passant en cinq ans de soixante-quatorze mille à cent quatre-vingt mille habitants. Le docteur Dominique Monchicourt, fidèle au long cours, et Xavier Gouyou-Beauchamps, ancien conseiller du président Valéry Giscard d'Estaing, en sont les animateurs infatigables. Évidemment, face à l'ampleur du phénomène, nos actions sont une goutte d'eau dans la mer de Chine, si j'ose dire : nous ne sauvons finalement que quelques centaines de vies, alors que des milliers de réfugiés se noient sans que nous y puissions rien. Au surplus, notre bruyante et brouillonne activité dérange le gouvernement vietnamien, qui ne manque pas de nous faire savoir son agacement : ne sommes-nous pas, aux yeux de l'opinion internationale, la preuve spectaculaire des faiblesses démocratiques du système communiste, dont ils se targuent d'être le plus beau fleuron, puisqu'ils viennent de terrasser l'ogre américain ? Et leurs voisins non marxistes, la Thaïlande, la Malaisie, ne se précipitent pas pour nous épauler, craignant de devoir accueillir sur leurs territoires ces dizaines de milliers de réfugiés qui piétinent à Poulo Bidong.

Quant aux pays occidentaux, ils sont très contents de suivre de loin un drame pour l'instant cantonné en mer de Chine et dont il ne faudrait pas qu'il devienne trop international. Les similitudes que je vois rétrospectivement avec le drame actuel des réfugiés en Méditerranée et dans la Manche me désespèrent. Mêmes hypocrisies, même mise en place « en douceur » d'un cordon de sécurité maritime, même gestion sournoise des réfugiés entassés dans des camps que personne ne veut voir, mêmes tactiques d'intimidation pour décourager les initiatives comme de nos jours celle de l'*Aquarius* ou du *Sea Watch 3*. La tragédie actuelle est d'une tout autre ampleur que celle que nous dénoncions il y a quarante ans, elle nous concerne, nous autres Européens, au premier chef, mais c'est de nouveau le même devoir, notre devoir, d'ouvrir les yeux et de ne pas rester les bras ballants devant des hommes, des femmes et des enfants qui se noient. Qui inventera les arguments et le mode d'action capables de remuer les consciences contemporaines ?

VI

LA MORALE DE L'EXTRÊME URGENCE : DANS LES MONTAGNES AFGHANES

J'ai évoqué le coup d'État légal de MSF et raconté comment, portés par Bernard Kouchner, nous avons réussi à rebondir. La situation nous avait tout de même laissés un peu amers et méfiants quant à ce qui peut arriver à une association si on laisse les bureaucrates glisser un pied dans la porte. Nous jurons qu'on ne nous y reprendra plus : fini, les grosses structures ! Nous nous contentons désormais de bricoler au cas par cas un comité *ad hoc* en fonction des besoins de chaque nouvelle mission, c'est bien suffisant. Seul Michel Bonnot, sans doute moins traumatisé que nous, fonde tout de suite de son côté Aide médicale internationale. Son vœu secret est de nous voir l'y rejoindre, mais déjà une nouvelle tragédie s'annonce, en Afghanistan. Et le terrain est tellement vaste et complexe qu'on ne peut se permettre d'y lâcher dans la nature le moindre couple d'humanitaires « bénévoles et indépendants » s'ils ne sont pas épaulés depuis Paris par une organisation suffisamment « imposante » pour qu'ils puissent s'en réclamer sur le terrain en cas d'arrestation. Car au premier pépin, au premier enlèvement avec demande de rançon, une organisation puissante déclenche immédiatement les sirènes et ameute l'opinion internationale, ce qu'un comité éphémère n'arrivera jamais à faire.

Avec un bel aplomb, nous oublions donc sur-le-champ nos bonnes résolutions antistatutaires, nous nous réunissons en mai 1980 chez le chirurgien cardiaque Alain Deloche, dans l'amphithéâtre Dubost de l'hôpital Broussais, et y fondons, comme annoncé précédemment, dans l'enthousiasme général de la vingtaine de participants, une nouvelle association dont il est inutile de vous dire que nous bétonnons particulièrement les statuts : Médecins du monde. C'est le moment idéal, Bernard Kouchner venant de recevoir le titre de « Médecin de l'année » dans un hebdomadaire, nous nous glissons sans vergogne dans le sillage de son prestige.

Au début de 1980, André Glucksmann publie un texte dans un de nos premiers bulletins : « Soigne et informe. Hérésiarque payant de sa personne un médecin décroche et sur le terrain use du stéthoscope et du micro et du stylo. Puis un autre. Puis plusieurs poignées en divers pays provoquent des trop brèves fulgurations au point de rencontre des moyens de communication de masse et d'une morale d'extrême urgence. »

Puis Michel Foucault, qui avait défendu énergiquement l'opération Un bateau pour le Vietnam, signe depuis Genève un texte de soutien. Celui-ci marquera le début d'une véritable relation d'estime entre Foucault et MDM. Nous voilà donc parés pour intervenir dans un Afghanistan brutalement envahi par les Soviétiques en décembre 1979. Cette intervention a laissé tout le monde pantois, car elle est d'un autre âge (en relisant Kipling, que ce soit dans *Kim* ou dans les *Contes de l'Inde*, on trouve de saisissantes descriptions de la rivalité anglo-russe dans les montagnes pachtounes…) et personne à ce jour n'a vraiment compris ce qui avait pu pousser un pouvoir soviétique gérontocratique à commettre une telle folie. Bricolant un argument là où il pouvait y en avoir, dans les jours qui suivirent, Georges Marchais, secrétaire général du Parti communiste français, se ridiculisera en justifiant l'intervention par la nécessité de mettre fin au « droit de cuissage » qui subsistait depuis la dissolution du royaume d'Afghanistan en 1973. À chacun ses fantasmes. Avec leur armement lourd et leur puissance de feu, les Soviétiques pensaient ne faire qu'une bouchée de ce petit pays « arriéré » où quelques poignées de moudjahidin résistaient dans les montagnes. Ils ne furent pas les premiers à commettre cette erreur, car tout au long de l'histoire, à la notable exception d'Alexandre le Grand, qui en profita pour semer les graines de l'art gréco-bouddhique cher à Mike Barry, l'Afghanistan a repoussé toutes les tentatives d'invasion, grâce à ses fameuses montagnes et au caractère coriace de ses habitants. Les Américains sont les derniers à en avoir fait les frais.

Très rapidement avec quelques autres je me rends sur le terrain, à Peshawar. Comme il importe de ressembler à des Afghans de base, nous nous habillons du pantalon bouffant traditionnel, de la longue chemise, nous nous coiffons du fameux petit « pakol », un chapeau qui nous donne l'impression d'avoir un fromage sur la tête. Semblables aux Dupont et Dupond d'Hergé déguisés en Chinois dans *Le Lotus bleu*, nous nous fondons dans la masse. Si les Russes nous attrapent, nous avons tout des parfaits espions étrangers... On passe par les zones tribales, la traversée de la frontière est clandestine, et il faut marcher, encore marcher, en altitude, pendant des semaines, pour atteindre le Wardak, une des régions du centre-ouest du pays. C'est ainsi que Jean-Élie Malkin, Éric Cheysson, Patrick Laburthe et moi mettons sur pied les premières missions, classiques, d'assistance aux populations. De leur côté, l'AMI – l'Action médicale internationale –, avec Laurence Laumonier et Michel Bonnot, MSF avec de nombreux volontaires, démarrent un nombre important de programmes.

Et j'y retournerai en 1981, mais cette fois à Peshawar, en suivant la célèbre passe Khyber, en compagnie du docteur Alain Pellamourgues. Lui et son épouse, Danielle, avaient été les premiers médecins à faire fonctionner l'hôpital de Poulo Bidong pour l'*Île de lumière*. Nous multiplions les contacts, car pour ce que nous avons en tête il faut vraiment disposer de solides appuis sur place. Mais le résultat est là : tout au long du conflit, ce seront plus de cent médecins et infirmiers qui parviendront à se rendre sur le terrain. Et tous ces volontaires passeront entre les mains expertes de Mike Barry pour un cours pratique d'Afghanistan accéléré. Des nombreux personnages flamboyants et valeureux que l'aventure afghane m'a permis de connaître, il est sans conteste l'un des plus spectaculaires. Universitaire américain absolument polyglotte, il est aussi à l'aise en français qu'en dari, qu'il prétend être la langue persane la plus pure, considérant que ce sont les Iraniens qui parlent leur farsi avec un accent belge... Sa culture historique et artistique est sans égale, son réseau de relations, inépuisable et il est difficile de trouver une situation complexe où il ne se sente pas parfaitement à l'aise. Il est à présent professeur à Princeton et s'occupe aussi de la mise en valeur de la fabuleuse collection d'antiquités orientales de l'Aga Khan pour le musée de Toronto. Comme il vivait à l'époque à Vichy, nos candidats pour l'Afghanistan commençaient par un détour dans l'Allier, où Mike Barry leur inculquait de force les notions élémentaires de langue pachtoune. Il ne pouvait s'empêcher en prime de les gratifier d'une initiation à l'histoire et à la culture afghanes complétée par quelques travaux pratiques, en particulier d'équitation. Si quelques-uns ont flanché, que ce soit à cause du cheval ou d'une allergie à l'histoire de l'art, la plupart y ont puisé un regain d'enthousiasme.

C'est le début d'une action que nous allons développer et maintenir pendant dix ans. Dix ans de campagnes clandestines de vaccination, de formation d'infirmiers autochtones, de création de cliniques en pleine montagne. Se rendre d'un campement de résistants à un autre exige parfois plusieurs semaines de marche en altitude pendant que les Soviétiques ne se privent pas de bombarder aveuglément, quasi en permanence. Bernard Kouchner expérimente à son tour cette longue marche pendant un mois en 1987. Il en revient avec une superbe barbe, qui lui donne sur place l'air tout à fait afghan. D'un bout à l'autre nous aurons été aidés par le commandant Amine Wardak, sans lequel nous n'aurions rien pu faire. Aujourd'hui réfugié politique en France, descendant d'une grande famille pachtoune, il était à l'époque autant chef de guerre que leader politique tout-puissant dans sa province, le Wardak. Une toute-puissance qui nous facilite beaucoup la tâche, car une fois arrivés dans les campements de résistants, après des jours et des jours de chevauchée et de marche exténuantes, nos équipes sont souvent accueillies par des combattants fortement imprégnés de fondamentalisme. Ces hommes à la bravoure indiscutable traitent les femmes médecins ou les infirmières d'une manière inacceptable et vont jusqu'à refuser d'être soignés par elles. Dans les périodes de ramadan, où le jeûne fatigue les corps au point de mettre des vies en danger, la tension est à son comble et la moindre friction peut avoir de graves conséquences. À la longue, ce régime épuise aussi les nerfs et nos équipes ont parfois bien du mal à garder le feu sacré. À Peshawar, où l'atmosphère est quand même moins hostile, nous en profitons pour donner des cours de santé primaire à des stagiaires afghans venus se former entre deux séjours dans les maquis. Malgré tous ces tracas, nous réussissons à monter deux dispensaires, à organiser un système de médecine itinérante et à lancer un programme massif de lutte contre la tuberculose, endémique dans la région.

C'est au début de cette époque, dès 1981, que les Soviétiques ont la brillante idée de répandre au sol des mines antipersonnel prenant l'aspect de jouets, avec de jolies couleurs vives. Nous ne comptons plus le nombre d'enfants qui perdent une main ou un bras en les ramassant, ou bien une jambe en marchant dessus. Heureusement, la réaction rapide de l'association Handicap international, qui développe une campagne de protestation très efficace, permet tout de même le vote d'une série de conventions internationales interdisant la fabrication, la vente et l'utilisation de ces « charmants » engins de mort.

Mais les civils afghans vont faire face à un autre problème « silencieux », classique dans les guerres modernes, celui des réfugiés. Car ils se chiffrent en millions, et pendant de longues années jusqu'à six millions d'entre eux vont s'entasser dans des camps, du côté de Peshawar, près du Pakistan, et presque deux millions dans la région de Herat, à la frontière iranienne. C'est ainsi que plusieurs générations d'Afghans vont connaître la vie dans les tentes avant de pouvoir revenir chez eux. Léger adoucissement à leur malheur, on assiste parallèlement à l'efflorescence de toute une pléiade d'ONG, généralement françaises d'ailleurs, œuvrant chacune à sa manière : en plus de MDM et MSF, il y a sur place l'Aide médicale internationale (AMI), Action contre la faim (ACF), Vétérinaires et Pharmaciens sans frontières, Solidarité, l'Afrane, La Guilde du raid, Handicap international (HI).

Marek Halter et Bernard-Henri Lévy vont également s'y rendre pour mettre en place une radio libre en 1981. C'est certainement une action qui poussera Marek Halter, que Bernard Kouchner et moi avions fréquenté au moment de la guerre au Biafra, à toujours essayer de réconcilier les juifs et les musulmans.

Danger soviétique, fatigue physique, tensions religieuses, nos équipes sont mises à rude épreuve. Pour tous ces jeunes ou moins jeunes de l'AMI, MSF, MDM qui se dépensent sans compter, seuls importent le dévouement et l'idéal, et ils ne voient pas, ou préfèrent ne pas voir, la montée du radicalisme religieux que nous avons nous-mêmes déjà expérimentée dans les maquis du Wardak. Mike Barry, fin connaisseur de la société afghane, en a toujours été pour sa part douloureusement conscient et a prêché un double combat pour protéger la population : contre les Soviétiques et contre le fanatisme islamiste. Après bien des années, très exactement le 15 février 1989, quand l'URSS, ayant perdu la bataille, s'est officiellement retirée du pays, notre joie devant cette énorme victoire nous a fait pratiquement oublier ce second ennemi. Hélas, pas pour longtemps.

Le 30 avril 1992, c'est une nouvelle guerre qui se déclare brusquement dans Kaboul même. Plusieurs factions s'y battent pour le contrôle de la capitale, dont la très féroce Jamiat-e Islami, du chef de guerre pachtoune Gulbuddin Hekmatyar. La république démocratique d'Afghanistan, bricolée de toutes pièces par l'occupant soviétique, est abolie, remplacée par l'État islamique d'Afghanistan, proclamé par le commandant Massoud au nom de l'Alliance du Nord. Bernard Kouchner est alors ministre de la Santé et il m'envoie sur place, en compagnie du député PS d'Eure-et-Loir, Bertrand Gallet, grand spécialiste de l'Afghanistan, où il s'est déjà rendu à plusieurs reprises, sillonnant le pays à pied pour y monter des missions humanitaires. Le voyage en 4x4 est agité : dès la sortie de Peshawar les routes sont coupées et les ponts détruits. Nous sommes régulièrement arrêtés aux *check points* tenus par des groupes variés de moudjahidin, puis relâchés après d'interminables palabres, et nous finissons par atteindre Kaboul, que nous trouvons ravagée par les bombes. Nous sommes accueillis et pris en charge par une vieille connaissance, le commandant Abdulhak. Il nous est encore reconnaissant de l'avoir sauvé en amputant son pied blessé, en plein combat, il y a quelques années... Grâce à lui nous arrivons à traverser la ville malgré le feu des milices variées qui se mitraillent joyeusement, et nous atteignons vaille que vaille l'ambassade de France. Thierry Bernadac, le chargé d'affaires, nous prend en main, essayant avec les moyens du bord de garantir notre sécurité. Il fait merveille et nous permet de commencer un peu plus tranquillement le travail pour lequel nous sommes venus, à savoir évaluer les besoins sanitaires de la population. Et dès le 3 mai, nous rencontrons officiellement le commandant Massoud, qui est à ce moment ministre de la Défense du tout nouvel État. Cette entrevue est restée dans ma mémoire comme un choc intellectuel : je connaissais déjà sa réputation, je me trouve face à un dirigeant habité de réelles valeurs démocratiques, ce qui n'est pas courant dans la région. Il ne s'embarrasse pas de précautions oratoires et va droit au but : il nous brosse un tableau terrifiant de la montée en puissance des islamistes radicaux et réclame tout de go l'aide officielle de la France pour les combattre.

De retour à Paris, je répercute au ministère : il faut à tout prix soutenir Massoud. Et pour commencer, il faut nommer un attaché humanitaire permanent à l'ambassade, jumeler la faculté de médecine de Kaboul avec celle de Lyon, organiser une rencontre Kouchner-Massoud, qui aura effectivement lieu. Tout semble en bonne voie.

Malheureusement les talibans, soutenus militairement par le Pakistan, reconquièrent le pays région après région et leur chef, le mollah Omar, crée un État islamique en 1996. Retranché dans son fief montagneux du Panchir, Massoud résiste seul à tous leurs assauts, sans aucune aide de la communauté internationale, qui l'a abandonné. Pendant plusieurs années on entretient l'illusion, au gré des hauts et des bas des combats sur le terrain, que l'Afghanistan a une petite chance d'échapper à la spirale infernale qui le menace. Mais le 9 septembre 2001, sur ordre de Ben Laden, Massoud sera assassiné par deux tueurs d'une fausse équipe de télévision belge. Deux jours plus tard, le 11 septembre, l'attaque des tours de Manhattan marquera l'entrée du monde dans l'ère du terrorisme international.

Entre-temps, en 1993, je suis retourné une fois de plus en Afghanistan en compagnie de Mike Barry. Il travaillait à l'époque pour une agence des Nations unies chargée de la coordination de l'aide humanitaire, ce qui nous a permis cette fois de bénéficier d'un avion et de survoler les *check points* au lieu d'y être coincés – bien plus pratique qu'un 4x4 pour aller de ville en ville. Nous allons ainsi de Peshawar à Kaboul, puis à Islamabad, au Pakistan, et enfin à Herat, tout près de la frontière iranienne. Au sol, derrière un calme apparent, de nombreuses bandes armées continuent à infester le pays, menaçant parfois notre sécurité. Les réfugiés se comptent toujours en millions, les infrastructures n'ont pas été reconstituées et les routes n'en ont plus que le nom. À Herat, c'est Ismail Khan, « l'émir de l'Ouest », authentique seigneur de guerre mais ancien membre de l'Alliance du Nord, qui nous aide. Il a compris l'utilité des humanitaires français pour ses projets de reconstruction : écoles, hôpitaux, personnel médical, alimentation... Les réunions de travail se succèdent sans relâche, mais pendant nos intervalles de liberté Mike Barry en profite pour me faire vraiment connaître la culture et l'histoire afghanes. Jonglant, en plus du dari, avec les divers dialectes pachtounes, ainsi qu'avec le turkmène et le hazara, il me guide de mosquée décorée en mosquée décorée, que trente ans de guerre n'ont pas réussi à détruire. C'est là que je mesure comme il investit tout son temps et tout son talent dans l'aide à la reconstruction du pays, et comme il a compris que la santé n'est rien sans la culture, qu'il faut les rendre inséparables dans notre action si l'on veut que l'Afghanistan, et derrière lui le monde entier, échappe à la fureur des fanatismes.

Il démontre encore sa connaissance du pays dans un article visionnaire, « L'épicentre du désastre », dans *Libération* du 13 septembre 2001. Il y annonce toute la suite de l'histoire en Afghanistan : l'intervention des troupes étrangères, la croissance des talibans soutenus par le Pakistan, le retrait des troupes et enfin la victoire desdits talibans, en position de poursuivre leur œuvre meurtrière à travers le monde.

Il n'abandonnera jamais l'Afghanistan ; alors qu'il est professeur en chef de l'université américaine de Kaboul, en mars dernier, ses étudiantes lui demandent « Qu'allons-nous devenir, professeur ? »

VII

VIOLENCE ET RÉPRESSION EN AMÉRIQUE LATINE

À la fin des années 1970, qui sont décidément un moment charnière de l'histoire de MSF et de MDM, et pendant que nous investissons une grande part de notre énergie au Vietnam et en Afghanistan, la situation en Amérique du Sud ne s'améliore pas, au contraire. De manière générale, l'Amérique latine du début des années 1980 est d'une grande violence. Les mouvements d'extrême gauche sont assez radicaux et l'armée et la police, en face, entraînées et appuyées par la CIA, ne leur font pas de cadeaux. En Amérique centrale, au Salvador, le point culminant est l'assassinat en pleine messe de Mgr Romero, l'archevêque de San Salvador, probablement par le major Roberto d'Aubuisson. L'émoi est considérable mais le Vatican ne le canonisera que beaucoup plus tard, car à Rome on voit d'un assez mauvais œil son activité très influencée par la théologie de la libération.

À la même époque, les escadrons de la mort se déchaînent, assassinant tout ce qui peut ressembler de près ou de loin à un journaliste ou à un instituteur, voire à un prêtre pour peu qu'il soit « progressiste », dans tout le pays. La violence est telle que beaucoup de paysans quittent leurs terres et se retrouvent coincés à la frontière guatémaltèque. Ils sont environ cent mille. Avec Willy Rozenbaum, codécouvreur du virus du VIH, et Gilles Brücker, qui sera président de MDM, Jacques Lebas a créé une association médicale franco-salvadorienne. Nous avions pensé qu'il était important de s'associer à eux, mais seuls Gilles et Jacques ont rejoint MDM pour en devenir des acteurs essentiels.

Grâce au savoir politique encyclopédique de Jacques au sujet des mouvements de résistance en Amérique latine, nous explorons la situation des différents pays, avec des missions au Nicaragua, au Honduras, au Guatemala et au Salvador.

En raison de la situation catastrophique au Salvador, c'est là que nous allons concentrer nos forces pour aider les populations victimes du gouvernement et des escadrons de la mort. Jacques, Gilles, Pierre Pradier, Bernard, le père Leclerc vont sillonner le pays pour accéder aux deux cent mille déplacés à l'intérieur des frontières. Avec l'aide de la Cruz Verde et de ses centaines de jeunes bénévoles et le soutien de l'Église catholique, nous ouvrons un camp de réfugiés, Bethania.

À partir des Antilles françaises, nous arrivons à envoyer un avion pour le Salvador bourré de nourriture, de médicaments, de couvertures et de tentes.

Nous sommes aussi rejoints par Bernard Kouchner avec l'avion d'« Aviation sans frontières ». Nous sommes là pour l'accueillir et organiser la distribution. Ces interventions sont assez classiques, mais nous nous faisons un plaisir de porter secours à la gauche réprimée par l'extrême droite.

La lutte de libération est à fronts renversés : au même moment, Jacques Lebas nous met entre les mains la question explosive des Indiens miskitos du Nicaragua.

La révolution sandiniste triomphante entreprend de demander des comptes aux Miskitos, qui ont été entraînés comme supplétifs dans la guerre par les Américains, dans le camp ennemi donc. Ils sont dans un état lamentable, civils, femmes et enfants compris. Nous sommes quelques-uns à proposer de leur venir en aide, ce qui provoque à MDM un rejet massif... Grâce à Jacques Lebas et à Pierre Fyot, ancien résistant et ancien du Biafra et de MSF, nous arrivons à monter une mission minimum, qui aura quand même le mérite de prouver que nous sommes capables de porter secours d'un côté comme de l'autre. Et de signifier, encore une fois, notre certitude qu'il n'y a pas de bonnes ou de mauvaises victimes. Cela nous vaut, dans les cercles parisiens bien-pensants, d'être violemment critiqués, à l'inverse de notre intervention au Salvador, pour avoir commis le crime de porter secours à une tribu « d'extrême droite » persécutée par un gouvernement de gauche...

Au Brésil, d'autres populations souffrent. Perdus en pleine forêt amazonienne, neuf mille Indiens yanomamis constituent l'une des dernières populations primitives connues de notre monde. Petits, les yeux en amande, ces Indiens semblent originaires d'Asie. Leur migration remonterait à plus de cinquante mille ans, quand ils auraient traversé le détroit de Behring à pied. Jusqu'à la fin des années 1950, leur présence est totalement ignorée. Leur découverte fait suite à l'enlèvement d'Adelina Valero, douze ans, en 1939. Pendant une vingtaine d'années, elle a partagé leur vie quotidienne. En 1960, ils se servent encore de haches et de pierres polies tirées des rivières. Pour se nourrir, ils pratiquent la chasse ou la pêche comme aux temps les plus reculés. La cueillette leur permet également de se nourrir de bananes plantain. Ils n'ont ni dieux ni rites mais croient aux mystères des astres et de la forêt. Chaque enfant porte le nom d'un animal auquel il s'identifie sa vie durant. L'individu n'existe pas, seul le groupe compte. L'idée de « propriété » leur est totalement inconnue, ils sont installés près des fleuves ou dans des clairières et vivent dans d'énormes maisons communautaires qui abritent entre soixante-dix et cent cinquante personnes, les malocas. En 1983, Médecins du monde est pour la première fois contactée par un collectif d'anthropologues brésiliens du CCPY (Comité de création du parc yanomami), animé par la photographe Claudia Andujar et l'anthropologue français Bruce Albert, qui l'un et l'autre continuent à se battre sur place. En 2020, Claudia a participé à « La lutte yanomami », une rétrospective de son travail auprès de ce peuple, exposée à l'espace Cartier.

Le CCPY voulait créer en pleine forêt amazonienne un parc totalement dédié à la protection de cette communauté. À l'époque, leurs besoins sont surtout sanitaires : des grippes, rougeoles ou scarlatines commencent à les contaminer, apportées par des agriculteurs ou chercheurs d'or brésiliens venus coloniser leurs terres. Nous nous rendons au centre de leur territoire en avion monomoteur. L'accès est très difficile, de jeunes pilotes qui connaissent à peine la forêt nous y amènent. Ils suivent les cours d'eau, il n'y a pas d'autres repères dans la forêt amazonienne, et se posent sur de courtes pistes de terre battue. À notre arrivée avec les anthropologues, nous sommes accueillis chaleureusement par les familles. L'ensemble de la population est plutôt en bonne santé, hormis quelques individus atteints d'alcoolisme, de tuberculose ou de maladies sexuellement transmissibles. En raison d'un régime alimentaire très équilibré (gibier, poisson, banane plantain), je ne relève aucune maladie cardio-vasculaire ! Pas de dénutrition non plus, ni de paludisme, ce qui est exceptionnellement rare dans la région amazonienne. C'est l'avantage de l'isolement : sans avion, il faut plusieurs semaines de marche pour rejoindre leur campement. Les anthropologues nous aident à organiser une ceinture vaccinatoire. Nous laissons sur place une équipe brésilienne avec le docteur Carlos Wancheer. C'est l'époque de la grande misère dans le Nordeste et nous sommes en butte à la pression des autorités locales, qui voient d'un bon œil l'arrivée en masse de travailleurs pauvres, générateurs d'activité économique.

Nous avons finalement eu le temps d'organiser une action efficace : l'association montera deux dispensaires et lancera un grand programme en vaccinant deux mille Indiens pour lutter contre les épidémies de grippe ou de rougeole, particulièrement mortelles dans cette population. Mais les Yanomamis se montrent méfiants vis-à-vis des pratiques médicales. Grâce à l'aide des anthropologues brésiliens, nous réussissons néanmoins à les convaincre que leurs plantes et leurs chamanes ne peuvent pas grand-chose contre certaines maladies. Peu à peu, la confiance s'installe de part et d'autre. Mais, en 1986, la situation se tend brusquement. Cherchant à exploiter encore davantage le territoire indien, les politiciens locaux entreprennent contre nous une campagne de calomnies. Nos vaccinations sont présentées dans la presse comme des expérimentations médicales menées sur la population indienne. Face aux pressions, nous sommes obligés de quitter le territoire. Avant notre départ, nous prenons néanmoins le temps de former des médecins brésiliens, afin d'assurer sur place le suivi du programme sanitaire. Malgré cette précaution, nos collègues ne peuvent y travailler plus d'une année. En 1987, une interdiction absolue et générale d'exercer est décrétée sur l'ensemble de la zone forestière : tous les médecins doivent évacuer le territoire.

Indigné par ce que j'ai constaté sur place, j'en viens à me demander, dans une interview à *Paris Match*, si l'Amazonie ne devrait pas être proclamée patrimoine de l'humanité par les Nations unies et protégée. Aujourd'hui, la donne a changé, hélas je détaillais avant l'heure tous les risques et toutes les préconisations nécessaires pour éviter la catastrophe qui n'a pas manqué de se produire.

Ce n'est qu'en 1989 que j'effectue un second voyage au Brésil. En six ans, la situation est devenue catastrophique. En plein cœur de la forêt amazonienne, une multitude de petits avions, remplis de *garimpeiros*, des chercheurs d'or, ne cessent de se poser sur une centaine de pistes d'atterrissage en terre battue. J'apprends que cet incroyable ballet est orchestré depuis la capitale régionale, Boa Vista. À l'instar de la ruée vers l'ouest américain au XIXe siècle, l'arrivée de dizaines de milliers de malheureux poussés par la faim entraîne l'apparition rapide d'infrastructures et de petits commerces autour des pistes d'atterrissage : baraquements, bars, bordels, magasins d'approvisionnement, etc. Bien évidemment, cette présence nouvelle bouleverse totalement la vie des Yanomamis. Leur zone de chasse est déforestée. Les multiples puisards et forages pompent de manière continuelle de l'eau rendue boueuse. Dans le but d'agglomérer l'or trouvé, les *garimpeiros* utilisent du mercure qu'ils n'hésitent pas à rejeter dans les fleuves, empoisonnant à la fois les poissons et l'eau potable. Travaillant comme serveuses ou prostituées dans les bordels construits spécialement par les *garimpeiros*, les femmes indiennes sont atteintes par des maladies vénériennes, qu'elles transmettent ensuite aux hommes de leurs villages. Les Yanomamis ont également découvert l'alcool. Ils se soûlent à la bière et deviennent, pour certains, de véritables clochards.

Cherchant malgré tout à protéger cette population, le nouveau gouvernement brésilien de l'époque a ordonné la création d'une réserve correspondant à trente pour cent de l'aire traditionnelle de chasse et de cueillette des Yanomamis. Mais il est pratiquement impossible de contrôler sur le terrain l'application d'une telle mesure tant l'espace concerné est immense. Par conséquent, les *garimpeiros* continuent à s'installer partout, bénéficiant au niveau local du silence complaisant des autorités. Grâce à cette ruée vers l'or, la ville de Boa Vista connaît, depuis les années 1980, un véritable boom économique. Les commerces ont vu leur chiffre d'affaires multiplié par dix ! Comme à l'époque du Far West, des villes-champignons poussent en quelques semaines seulement. Et l'activité des *garimpeiros*, déjà nocive en elle-même, dissimule un danger encore pire : les narcos ont vite compris que l'orpaillage était une couverture rêvée pour blanchir l'argent de la drogue. Ils investissent donc massivement et débarquent en hélicoptère. Une véritable industrie se crée. Les humanitaires assistent impuissants à la disparition du peuple yanomami. Peu à peu, les costumes en plume disparaissent, remplacés par des tee-shirts et des shorts. Les déplacements d'un village à l'autre ne se font plus à pied ou en pirogue mais à moto.

Enfin, leurs huttes ont presque toutes été détruites. Celles qui restent ne sont plus recouvertes de feuilles de bananier, mais de toiles en plastique échangées avec les *garimpeiros*. J'arrive à m'entretenir avec le chef des Yanomamis, Joao Davi, qui est le seul à réellement parler portugais et à sembler capable de réfléchir à la défense des intérêts de son peuple. Il m'avoue d'emblée avoir tenté de collaborer avec les *garimpeiros*, mais sans aucun succès. Face à la disparition progressive des Yanomamis, il pense qu'il devient urgent d'en appeler à la communauté internationale. Au moment de nous quitter, il me souffle : « Tu sais, on détruit toute notre culture et nous allons bientôt mourir. »

Aujourd'hui encore, ces mots résonnent dans ma tête. Car où que se porte le regard, tout n'est que désolation. Ces gens sont fatigués, presque tous ont le paludisme. Les femmes, particulièrement, sont amaigries. Leurs enfants semblent mal nourris, affichant tous de gros ventres comme ceux des petits Éthiopiens ou Biafrais. Lors d'une marche de plusieurs heures en pleine forêt, je finis par comprendre les causes de ce changement. L'exploitation des sous-sols produit un boucan d'enfer ! Les animaux ont fui la zone, il n'y a donc plus de chasse possible et les Yanomamis sont obligés de se réfugier à la périphérie des villages blancs pour ne pas mourir de faim. Là, ils deviennent la « sous-main-d'œuvre » des *garimpeiros*. Pour quelques pièces, les femmes travaillent dans les bordels où elles sont contaminées par la syphilis ou les blennorragies.

MDM se doit de réagir. En 1990, je retourne avec quelques camarades, sans autorisation officielle, visiter les Yanomamis. Leurs villages ont été complètement envahis par les *garimpeiros*. Vingt pour cent de la population indienne est déjà morte, les autres sont en détresse. Nous tentons de réveiller les consciences, pour protéger ce qu'il reste d'un peuple sans écriture, donc sans mémoire. En cas de disparition, nous risquons de ne plus rien connaître d'eux. Avec l'aide de la communauté européenne, nous obtenons un important budget pour agir dans l'urgence. Peine perdue. Les autorités brésiliennes refusent cette manne financière, signant ainsi l'arrêt de mort des Yanomamis. Le manque de soutiens internationaux et l'absence totale de pression sur le gouvernement brésilien expliquent en partie l'échec de notre mission.

En ce début de XXIe siècle, rien n'a vraiment changé pour les populations indiennes d'Amazonie, le gouvernement Bolsonaro n'ayant fait qu'aggraver les choses. Le cri d'alarme que nous poussions en 1990 n'en prend que plus de sens. Par le passé, d'autres pays ont bel et bien accepté une aide internationale pour la sauvegarde d'une partie du patrimoine de l'humanité. Pourquoi le Brésil ferait-il exception ? Bien évidemment, l'opinion internationale ne peut interdire à un État d'exploiter ses matières premières, mais il faut l'obliger à tenir compte des populations indigènes. Certes, les multinationales peuvent avoir accès au sous-sol de l'Amazonie, mais dans le cadre de contrôles stricts et précis. Si aucune mesure d'envergure n'est finalement prise, il faudra envisager le placement de cette région sous la tutelle directe des Nations unies. Cela relève de la responsabilité de protéger.

VIII

TARNIER OU L'ACADÉMIE INFORMELLE

Je l'ai évoqué, en 1981 nous commençons au sein de MDM à mener une réflexion sur l'héritage culturel des pays, tout d'abord sur le terrain (l'Afghanistan, notamment, sera la source de nombreux cas de conscience) puis, de manière de plus en plus théorique et poussée, à Paris. Le conflit afghan n'a pas été notre épreuve du feu mais, par ses dimensions et ses implications, il nous a appris à nous donner les moyens de notre action, à nous mettre en ordre de bataille, et cela sur tous les fronts, celui de la réflexion n'étant pas le moindre. Car de 1982 à 1984, dans une discrétion voulue parce qu'indispensable à la qualité de la pensée, se sont tenues les réunions régulières de ce que nous appelions entre nous l'académie Tarnier. Ces séances à Tarnier sont certainement l'expérience intellectuelle et morale la plus fascinante que j'aie jamais vécue, et dont paradoxalement il ne reste aucune trace écrite, aucune note, aucun témoignage sonore, aucun enregistrement vidéo. C'était la condition expresse posée par Michel Foucault, qui en était l'inspirateur et l'animateur avec André Glucksmann et Bernard, pour qu'elles aient lieu. À ses yeux, la complète liberté de parole était à ce prix. Mais tout de même, c'est un peu comme si personne n'avait jamais gardé de trace des conversations de Socrate…

Nous sommes, à l'époque, sans l'avoir vraiment théorisé, face à une difficulté classique des intellectuels qui se risquent à agir : un des inconvénients de l'action, c'est que parfois elle devance la pensée et qu'on court le risque de diverses embardées, tête-à-queue et sorties de route quand la réalité, modifiée par nos actes, se trouve en contradiction avec nos intentions de départ. Bouddha, le Christ et Lénine en ont su quelque chose. Or l'urgence, par définition, c'est « on agit d'abord, on analyse après ». Et trop souvent nous finissions pris au piège de venimeux reproches de quelques irréductibles des plateaux télé et radio, pour qui nous nous mêlions de choses ne nous concernant pas en intervenant auprès des boat people vietnamiens, des rebelles afghans ou des Indiens nicaraguayens. Nous avons eu beaucoup de mal, avec ces gens qu'on n'appelait pas encore des faiseurs d'opinion, à partager notre conviction que les victimes, qu'il s'agisse de guerre ou de catastrophe naturelle, ne sont ni de droite, ni de gauche, qu'elles sont avant tout des êtres humains à secourir. C'est dans le sillage de la réconciliation entre Aron et Sartre que nous avons fini par émerger miraculeusement de ce brouillard, à partir des réflexions de Michel Foucault. Ces réflexions, il les a mises en forme en juin 1981, dans son fameux texte issu de la conférence de presse tenue à Genève pour annoncer la création d'un Comité international contre la piraterie :

Nous ne sommes ici que des hommes privés qui n'ont d'autre titre à parler, et à parler ensemble, qu'une certaine difficulté commune à supporter ce qui se passe. Je sais bien, et il faut se rendre à l'évidence : les raisons qui font que des hommes et des femmes aiment mieux quitter leur pays que d'y vivre, nous n'y pouvons pas grand-chose. Le fait est hors de notre portée. Qui donc nous a commis ? Personne. Et c'est cela justement qui fait notre droit. Il me semble qu'il faut avoir à l'esprit trois principes qui, je crois, guident cette initiative, comme bien d'autres qui l'ont précédée : l'*Île de lumière*, le cap Anamour, mais aussi Terre des hommes ou Amnesty International.

1. Il existe une citoyenneté internationale qui a ses droits, qui a ses devoirs et qui engage à s'élever contre tout abus de pouvoir, quel qu'en soit l'auteur, quelles qu'en soient les victimes. Après tout, nous sommes tous des gouvernés et, à ce titre, solidaires. Du navire-hôpital *Île de lumière*, parti secourir les boat people en mer de Chine en 1979, à la défense internationale de tous les prisonniers politiques.

2. Parce qu'ils prétendent s'occuper du bonheur des sociétés, les gouvernements s'arrogent le droit de passer au compte du profit et des pertes le malheur des hommes que leurs décisions provoquent ou que leurs négligences permettent. C'est un devoir de cette citoyenneté internationale de toujours faire valoir aux yeux et aux oreilles des gouvernements les malheurs des hommes dont il n'est pas vrai qu'ils ne sont pas responsables. Le malheur des hommes ne doit jamais être un reste muet de la politique.

Il fonde un droit absolu à se lever et à s'adresser à ceux qui détiennent le pouvoir.

3. Il faut refuser le partage des tâches que, très souvent, on nous propose : aux individus de s'indigner et de parler ; aux gouvernements de réfléchir et d'agir… C'est vrai : les bons gouvernements aiment la sainte indignation des gouvernés, pourvu qu'elle reste lyrique. Je crois qu'il faut se rendre compte que très souvent ce sont les gouvernants qui parlent, ne peuvent et ne veulent que parler. L'expérience montre qu'on peut et qu'on doit refuser le rôle théâtral de la pure et simple indignation qu'on nous propose. Amnesty International, Terre des hommes, Médecins du monde sont des initiatives qui ont créé ce droit nouveau : celui des individus privés à intervenir effectivement dans l'ordre des politiques et des stratégies internationales. La volonté des individus doit s'inscrire dans une réalité dont les gouvernements ont voulu se réserver le monopole, ce monopole qu'il faut arracher peu à peu et chaque jour.

Je dois avouer une admiration particulière pour Michel Foucault, sa réflexion, son action, parce qu'il fut peut-être le dernier grand penseur français à qui on pouvait pardonner de s'être trompé : sa pensée à lui prenait des risques. On n'a plus idée aujourd'hui de la chape de plomb qui pesait sur le monde intellectuel et politique en France à l'époque, et Foucault était aux avant-postes dès qu'il s'agissait de secouer les branches du vieil arbre. Qu'on en juge : en 1971, il donne toute sa légitimité au Groupe d'information sur les prisons et ne fait pas la fine bouche pour assister aux très maoïstes réunions du comité Vérité et Justice.

C'est l'année où il fait partie, avec Jean-Paul Sartre, du comité Djellali contre le racisme. C'est aussi l'année où il participe à la naissance de l'Agence de presse Libération. Il aide chaque fois qu'il le peut les dissidents de l'Est, car on est en pleine période de dénonciation du goulag. En 1975, il est l'une des voix les plus fortes à protester contre les dernières exécutions (par garrot…) du régime franquiste en Espagne. Ses ennemis relèveront avec délices qu'en 1978 il se prend les pieds dans le tapis en affichant sa fascination pour la révolution (contre-révolution, certes) de Khomeini en Iran. Nous pourrions rétorquer qu'il n'était pas le seul, mais la rigueur nous oblige à reconnaître qu'à son niveau c'était assez peu compréhensible. Quoi qu'il en soit, nous le retrouvons à nos côtés pour sauver les boat people qui se noient en mer de Chine. Deux ans plus tard, la gauche mitterrandienne accède au pouvoir, une forme de compagnonnage s'ébauche, mais très vite l'irréductible odeur de soufre qui émane de toute pensée libre conduira le pouvoir à prendre ses distances avec le philosophe.

Le but profond qu'il se fixe à cette époque est de créer les conditions favorables à une nouvelle version de la déclaration des droits de l'homme et du citoyen, qu'il importe à ses yeux de toiletter quelque peu depuis sa rédaction en 1789.

Mais pour en arriver là, encore fallait-il que nous nous réunissions régulièrement et en un lieu favorable. Grâce à la munificence du professeur Jean-Paul Escande, convenablement harcelé par Bernard Kouchner et André Glucksmann, nous disposons dès le début d'un superbe amphithéâtre de l'hôpital Tarnier, en haut de la rue d'Assas. L'endroit est impressionnant : l'amphi en demi-lune, en chêne sombre, datant du XIXe siècle, a été conçu pour les présentations de malades selon un rituel qui n'existe heureusement plus. Au moins une fois tous les deux mois, une cinquantaine de participants, parmi lesquels on croise régulièrement Yves Montand et Simone Signoret, Jorge Semprún, Pierre Blanchet, Mario Bettati et François Ewald, viennent écouter le témoignage d'un invité remarquable. Ceux d'entre nous obligés pour une question d'horaire de partir avant la fin se souviennent encore de la honte de faire craquer le parquet vénérable en tentant de s'éclipser le plus discrètement possible… Les règles fixées d'emblée par Foucault sont assez originales : pas d'attaque personnelle, interdiction de s'insulter et, comme nous venons de le dire, interdiction d'enregistrer.

Notre premier invité est le docteur Fouad Salamé, professeur à l'Hôtel-Dieu de Beyrouth, venu nous parler du risque de balkanisation de son pays, auquel il tente de s'opposer en mettant sur pied son Comité des déshérités, première tentative œcuménique sur le terrain de fédérer les bonnes volontés chrétiennes, sunnites et chiites libanaises. Un autre temps fort est un cycle de conférences sur l'Afghanistan, avec surtout l'intervention d'Amine Wardak. Le modérateur de cette session, accompagné du poète Bahodine Majrouh, qui sera assassiné en 1988, n'est autre que Mike Barry, et c'est là qu'il dénonce précisément pour la première fois la montée en puissance de ce qu'on n'osait pas encore appeler « le fascisme vert », qui utilise la foi en l'Islam pour couvrir une idéologie intégriste et totalitaire. Cette menace, révélée en 1982, est bien antérieure au 11 Septembre.

Il y a aussi la séance où est reçu le plus démocrate, le plus aimable, le plus noble des Kurdes, le docteur Ghassemlou, qui périra à Vienne quelques années plus tard, en 1989, assassiné par le régime des mollahs. Il est venu nous alerter, déjà, sur la situation périlleuse des Kurdes d'Iran ; on ne le lui aura sans doute pas pardonné à Téhéran.

Puis le docteur Jacques Lebas, qui venait de diriger pendant six mois l'hôpital de N'Djamena, vient nous exposer les tensions dans la bande d'Aozou, au Tchad, que les troupes libyennes de Kadhafi tentent d'annexer. Son éloquence débouche sur une tribune libre dans *Le Monde*, qu'il signera en particulier avec Yves Montand et Bernard Kouchner, appelant la France à intervenir militairement dans ce conflit, ce qui sera fait quelques mois plus tard avec l'opération Manta, qui aura le mérite de repousser les troupes de Kadhafi.

Et les séances se succèdent : un jour c'est l'écrivain et diplomate Conrad Detrez, venu nous parler du drame des Indiens misquitos du Nicaragua ou de la situation politique au Salvador. Une autre séance est consacrée à la montée en puissance de Solidarnosc en Pologne. Nous élargissons parfois les thématiques, en évoquant par exemple l'état de la société française, et pratiquons sans vergogne le grand écart en recevant aussi bien l'ancien dirigeant de l'UEC (Union des étudiants communistes) Henri Vacquin que le très capitaliste assureur Claude Bébéar.

Il faut dire que les dirigeants socialistes fraîchement installés en France ne nous voient pas toujours d'un très bon œil. Les tensions avec les intellectuels n'ont pas manqué pendant leur long chemin d'accession aux responsabilités, où on a même vu des penseurs de renom appeler à voter Coluche à la présidentielle. *L'Express* du 11 avril 1981, quelques jours donc avant le premier tour, titre froidement : « Intellectuels et politique : le grand désarroi ». Et les mitterrandiens assument d'être ce que nous ne sommes pas et ne voulons pas être : des réalistes. Les frictions sont inévitables, les goujateries également : paix à ses cendres, mais en mars 1983 Max Gallo, alors porte-parole du gouvernement, apostrophe dans une tribune du *Monde* les prétendus « philosophes de gauche », qu'il accuse de ne pas soutenir le pouvoir socialiste. Peu de chemin avait été parcouru depuis les « chers professeurs » dont se gaussait le pouvoir gaulliste… Se sentant personnellement visé, Michel Foucault répond lapidairement : « Quand j'ai voulu parler, en décembre 1981, on m'a dit de me taire. Quand je me tais, on s'étonne de mon silence. Ce qui signifie une seule chose : ils ne m'accordent le droit à la parole que si je suis d'accord avec eux. » Ces passes d'armes nous électrisent et nous incitent à reprendre à notre compte la notion de « devoir d'ingérence », que Foucault a été le premier à manier, voyant même poindre à l'horizon par ce biais l'espoir d'une « citoyenneté internationale ». Il rêve aussi de créer un droit nouveau, fondé sur la solidarité entre gouvernés dénonçant sans relâche les abus des gouvernants. Certains membres de sa « garde rapprochée », comme François Ewald, Daniel Defert, André Glucksmann ou Jean-Claude Milner, envisagent même de produire un livre blanc sur ce sujet. Le contenu s'annonçant beaucoup trop critique envers le nouveau pouvoir, le projet n'a pu voir le jour. Il est vrai que Georges Kiejman, avocat proche de François Mitterrand, n'a rien fait pour l'encourager.

Le 25 juin 1984, Michel Foucault meurt du sida. Ayant perdu leur âme, les conférences Tarnier cessent presque immédiatement. J'ai voulu par ces lignes en ressusciter l'histoire car c'est bien dans ces échanges que la notion de devoir d'ingérence a trouvé son origine. La réflexion, à Tarnier, reposait en réalité sur deux piliers : Foucault pour sa capacité d'écoute, Bettati pour sa puissance de mise en œuvre. Quoique moins célèbre que Michel Foucault, Mario Bettati était son prolongement indispensable. Juriste international de renommée mondiale, connaissant sur le bout des doigts les arcanes des instances onusiennes, il concevait aussi le droit comme un outil pour faire avancer les causes justes. Dès la guerre du Biafra, il avait repéré les problèmes qu'on retrouverait dans tous les autres conflits, comme l'accès aux victimes ou les effets du blocus, alors que les textes protégeant les populations existaient mais étaient contournés ou piétinés avec une belle régularité. L'action de MSF au Nicaragua, au Liban au moment de Tell el-Zaatar et avec les boat people du Vietnam acheva de le convaincre que les règles, même issues des conventions de Genève, étaient inopérantes et qu'il fallait refonder le droit humanitaire et le rendre suffisamment solide pour qu'il puisse être appliqué. Ce qui ne pouvait passer que par le bouclier des Nations unies. Il mena à bien cette tâche gigantesque et silencieuse : l'élaboration de propositions acceptables par l'Assemblée générale de l'ONU. Le chemin était long et escarpé. Je me souviens par exemple qu'au moment où le docteur Philippe Augoyard, parti en Afghanistan avec l'Aide médicale internationale, fut capturé par les Soviétiques, qui lui mitonnèrent un très beau procès pour espionnage, j'appelai Claude Cheysson, le premier ministre des Affaires extérieures de Mitterrand. « Monsieur le ministre, ici Patrick Aeberhard, de MDM... — Vous me faites... ! — Je comprends, monsieur le ministre, mais tout de même, pour Augoyard, est-ce que vous ne pourriez pas... ? » Et les choses avançaient : un comité, des pressions diplomatiques, et il fut libéré au bout de trois mois. À partir de cet épisode, la reconnaissance officielle des personnels humanitaires serait réclamée et reconnue par les Nations unies.

Ainsi, en janvier 1987, lors de la première cohabitation, Bernard Kouchner et Mario Bettati avaient lancé une Conférence internationale sur les droits des victimes : Le devoir d'ingérence, peut-on les laisser mourir ? Réunissant soixante personnalités, le colloque était ouvert et donc béni par François Mitterrand, président de la République, puis conclu donc approuvé par Jacques Chirac, qui en porta le texte final aux Nations unies.

Encore un coup d'accélérateur donné par Bernard Kouchner, nouveau secrétaire d'État à l'Action humanitaire, et quelques chausse-trapes évitées à New York par Mario Bettati en 1988, et ce texte aboutira à la résolution 43/131 des Nations unies sur le droit d'assistance aux victimes de catastrophes naturelles ou situations du même ordre. Il y a désormais à l'ONU un département spécial pour l'application de la responsabilité de protéger. Avec un corollaire imprévu : il est bien écrit que si la négociation ne suffit pas, les Nations unies ont l'obligation d'employer la force, donc d'envoyer des casques bleus dans la zone de conflit. Or bien des petits pays très pauvres n'ont pas les moyens de se doter d'une armée professionnelle entraînée. Mais s'ils proposent aux Nations unies un contingent de leurs troupes pour œuvrer en tant que casques bleus, non seulement ils accomplissent leur devoir de solidarité internationale, mais en plus leurs soldats bénéficient d'une formation gratuite. Le système marche. Pour le pire parfois, pour le meilleur plus souvent.

Quoi qu'il en soit, avoir réussi, à partir de la notion très discutée de devoir d'ingérence, à faire inscrire dans le marbre la responsabilité de protéger par les plus hautes instances internationales, l'exploit n'est pas mince. On ne le rappellera jamais assez, il a été rendu possible par le travail de maïeutique qu'a lancé Michel Foucault à Tarnier, par sa patiente mise en forme par Mario Bettati, avec l'orchestration politique de Bernard Kouchner et l'appui feu philosophique d'André Glucksmann. Tarnier, c'était un peu comme la pensée, c'était totalement immatériel, mais un immatériel qui façonnait notre action.

Cette alliance intime entre humanitaires et juristes peut surprendre, tant les pratiques, du baroud au barreau, peuvent différer. En réalité, le lien est organique depuis le début. Tout a commencé en Angleterre et aux États-Unis, où les premiers opposants au travail des enfants et à l'esclavage étaient des juristes. Aux États-Unis en particulier, c'est la même veine qui a permis l'élaboration des *civil rights* qui mirent fin à la ségrégation de fait dans les États du Sud. Il faut aussi garder à l'esprit que les attendus du tribunal de Nuremberg, rédigés par des juristes éminents, à majorité anglo-saxonne, ont contribué à codifier le droit médical. Et c'est toujours à partir de bases juridiques que, dès les années 1980, les grandes ONG, devenues quasiment des syndicats d'opinion, interpellent les pouvoirs, les armées, les États. Il est d'ailleurs déroutant de constater que MSF comme MDM ne se sont pas tellement impliquées en tant qu'organisations, dans un des plus grands scandales en matière des droits humains de l'époque moderne : le camp de prisonniers américain de Guantánamo, même si beaucoup de leurs membres protestaient à titre personnel. C'est le CICR qui a fait tout le travail, grâce à ses équipes non pas de médecins mais de juristes, malheureusement sans succès.

Pour ma part, dans ces années d'élaboration de la doctrine Foucault, je ressens comme la nécessité sinon d'un repliement, du moins d'une pause. D'un retour en France. Certes, je m'engouffre dans l'appel d'air international et crée, en tant que professeur, un diplôme universitaire Santé, urgence, développement à l'université Paris-8 de Saint-Denis, que je prolonge tous les ans à Beyrouth, devant des étudiants gravitant autour de l'ONG AMEL de Kamel Mohanna, l'ami que je retrouve au Liban sur tous les fronts, en toutes circonstances. Mais quand même… Quoi qu'on fasse, quelque incendie qu'on s'empresse d'essayer d'éteindre, les crises n'arrêtent pas de surgir dans tous les coins du globe – Liban, Amérique centrale, Somalie… À peine l'une est à peu près réglée qu'une autre éclate. D'où une sensation non pas d'inutilité mais d'épuisement, un besoin de recentrage.

IX

APARTHEID, LA FIN AVANT LA FIN

Dans le paysage tragique de cette époque, j'ai eu cependant l'occasion de vivre un de ces épisodes dont on se demande si on n'est pas en train de les rêver. Il s'agit de l'effondrement de l'apartheid en Afrique du Sud.

Je m'étais déjà rendu sur place en 1985, sur l'insistance d'Alain Deloche, alors qu'un intense débat agitait l'opinion progressiste en France : étant donné l'insupportable régime qu'était l'apartheid, fallait-il ou non boycotter les échanges, y compris dans des domaines comme la santé ? Je suis plutôt contre le boycott, mais ce n'est pas une position facile à défendre dans l'humeur politique du moment. Toujours est-il que je pars un beau matin, nanti d'un simple visa de touriste, comme pour aller admirer les éléphants et les lions, en compagnie du docteur Bertrand Lebeau, et nous voilà tous deux plongés dans les townships, sans grand souci de discrétion. Nous ne manquons pas de contacts avec les grandes figures anti-apartheid, Mgr Desmond Tutu bien sûr, Beyers Naudé, président du conseil des Églises protestantes, et aussi un prêtre catholique, le père Mkhatshwa, secrétaire général de la conférence épiscopale, qui sera arrêté et torturé par la police sud-africaine pendant l'une de nos missions. Il écrira un texte à ce sujet, un affidavit, relatant ces sévices, que j'aurai l'occasion de porter au cardinal Lustiger, lequel me demandera tout de go si je crois à ces déclarations. Il ne fera rien pour le père Mkhatschwa, lequel était réputé proche de la théologie de la libération, dont le Vatican avait le plus grand mal à se défaire, en particulier en Amérique du Sud.

Vaille que vaille, nous arrivons à construire plusieurs dispensaires dans différents bidonvilles. Officiellement, le gouvernement français ne nous connaît pas mais officieusement le Premier ministre, Laurent Fabius, nous aide via une association. Et sur place le chargé d'affaires français Claude Blanchemaison et le conseiller culturel Alain Bockel deviennent plus que des complices, ce sont désormais des amis.

Le travail s'organise tout doucement et j'en profite pour me faire une idée de la situation sanitaire d'un pays qui est, de loin, le plus moderne d'Afrique, avec la grande première de greffe cardiaque par le docteur Barnard (qui aurait pu profiter de sa célébrité pour dénoncer la politique d'apartheid mais s'en abstiendra). À Witwatersrand, le plus grand hôpital de Johannesburg, je suis reçu par des médecins affables et ultra compétents dans un établissement de pointe. La discussion est chaleureuse, cordiale, mais alors que je jette un œil par la fenêtre et que j'aperçois, à nos pieds, le gigantesque et misérable bidonville d'Alexandra, je m'étonne. « Ah, mais, il s'agit d'un township, ici, c'est l'Afrique du Sud... », me répond-on. Quoi qu'il en soit, on soigne bel et bien tout le monde dans cet hôpital, mais je ne peux m'empêcher, en bon cardiologue, de m'intéresser aux types d'opérations les plus courants. Il s'avère qu'on y opère beaucoup d'insuffisances mitrales. « Chez les Noirs comme chez les Blancs ? – Parfaitement. – Quel âge ont les patients noirs en moyenne ? – Vingt-cinq ans. – Et les patients blancs ? – Cinquante-cinq ans. » Traduction : les Noirs souffraient de rhumatismes articulaires aigus et les Blancs de maladies dégénératives. Maladies de pauvres contre maladies de riches. Mais il demeure que tous étaient soignés... Je ne pouvais pas deviner que vingt ans plus tard, en regardant par la fenêtre de la partie du Centre cardiologique du Nord que je dirigeais, à Saint-Denis, je serais saisi du même vertige de l'absurde en contemplant le campement de Roms installé à deux pas du Stade de France, en plein carrefour échangeur de l'autoroute, sans eau, sans électricité, sans sanitaires, avec les gamins traversant tranquillement le trafic automobile au risque de se faire écraser, pour aller chercher leur pitance dans Paris...

Deux moments forts ont rythmé notre intervention en Afrique du Sud : d'une part l'arrivée d'un pédiatre martiniquais, Serge Chalon. Un médecin à la peau noire dans les townships ! La population explose de joie. Il fera un travail exemplaire. D'autre part, plus dramatiquement, nous sommes prévenus, Jacques Lebas et moi, alors que nous faisons une visite à nos équipes sur place, que deux médecins français ont été plus que molestés par la police. Ces deux médecins travaillaient clandestinement pour MDM dans un dispensaire tenu par l'Église catholique non loin de Pretoria. Alertés par un bruit dans la rue, ils sortent : des familles protestent contre le meurtre de leurs enfants lors d'une manifestation quelques jours plus tôt. Alors que la police commence à brutaliser les civils, les médecins s'interposent et essaient de soigner les premiers blessés. Ils sont à leur tour violemment frappés « à la sud-africaine », à coups de fouet.

Claude Blanchemaison arrive à les récupérer à l'ambassade, malgré leur totale absence de statut, je promets de les exfiltrer discrètement et de garder le silence… Mais le lendemain, l'évêque de Pretoria me fait changer d'avis en m'offrant sa cathédrale pour y tenir une conférence de presse, qui a lieu devant quelque deux cents correspondants étrangers. L'effet est ravageur : deux médecins blancs, dont une femme, exhibent les cicatrices de coups de fouet administrés par des policiers noirs… La justice sud-africaine donnera raison aux deux victimes, Bénédicte Chanut et Vincent Fauchère, défendues par l'avocat de l'ANC, Peter Harris. Je profite de la situation pour faire un film avec un journaliste australien, Philip Brooks, et Gilles de Maistre, *La Santé de l'apartheid*. Nous signalons entre autres que la principale cause de décès des enfants blancs en Afrique du Sud est la chute dans les piscines, quand celle des enfants noirs est la malnutrition… Pendant plusieurs années, nous allons continuer ces programmes de santé publique clandestins sous la direction de Brigitte Maitre puis d'Ariane Bonzon. Ils seront repris en 1990 par des médecins cubains.

En 1990 toujours, changement à vue, j'accompagne Bernard Kouchner, devenu ministre de l'Action humanitaire, en visite officielle en Afrique du Sud. J'avais pourtant juré que jamais je ne serrerais la main d'un officiel sud-africain, mais Bernard sait être persuasif. Et les visites protocolaires ou médicales s'enchaînent, jusqu'au moment où il me dit : « Ce matin, on va voir Pieck Botha. » Pieck Botha, le ministre des Affaires étrangères du pays le plus isolé qui soit à l'époque. L'entrevue se déroule à Pretoria, dans l'écrasant bâtiment du gouvernement, et Botha est un personnage encore plus imposant que son bureau.

« *Please gentlemen, sit down !* » Et il enchaîne sans transition, d'une grosse voix rocailleuse, avec un message sans nul doute adressé à Bernard Kouchner pour qu'il le rapporte aux plus hautes autorités à Paris : « *I have to explain the situation. We are, I mean South Africa, we are in a plane. We've travelled more than half-way to destroy apartheid. We can't come back. We've decided this : within six months, apartheid is finished, Nelson Mandela is taken out of prison, new multiracial elections will take place*[1]*...* »

Lorsqu'en rentrant à Paris, pas peu fiers, nous annonçons la fin programmée de l'apartheid, la libération de

1. « S'il vous plaît, messieurs, asseyez-vous. » ; « Je dois vous expliquer. Nous sommes, l'Afrique du Sud, dans un avion. Nous sommes à la moitié du chemin de la suppression de l'apartheid. Nous ne pouvons revenir en arrière. Aussi avons-nous décidé ceci : dans les six mois, l'apartheid sera terminé, Nelson Mandela sera sorti de prison, de nouvelles élections auront lieu... »

Mandela et la tenue d'élections libres, tout le monde nous rit au nez.

J'aurai la joie de participer aux élections en 1994 comme observateur de l'Union européenne. Avec un gilet bleu, je vérifierai le déroulement des élections dans les townships où nous étions intervenus. Leur organisation avait été confiée à notre ami, l'avocat Peter Harris, qui en fit un succès malgré les pires entraves et tentatives de sabotage qu'il eut à parer. Il a décrit cet épisode de l'histoire de son pays dans un livre remarquable : *Birth*.

X

MISSION FRANCE, ET LA CRISE DU VIH

Dans cette période de la fin des années 1980, début 1990, je m'investis de plus en plus auprès de MDM, et le travail ne manque pas, d'autant plus que je poursuis en parallèle mon activité de cardiologue à Saint-Denis. Je m'engage, comme on vient de le voir, dans les missions où les autres ne veulent pas aller : celle pour les Indiens yanomamis au Brésil, le conflit au Liban, les missions clandestines en Afrique du Sud…

En 1987, à ma grande joie, cet investissement est salué par mes amis de MDM, qui me nomment président de l'association – je succède à Bernard Kouchner, Pierre Pradier et Alain Deloche. Rendus méfiants par la douloureuse expérience de MSF, nous avions décidé qu'une présidence durerait au maximum deux ans, avec, en plus, un conseil d'administration des anciens présidents, pour éviter toute surprise désagréable… Je suis à la fois très impatient d'agir et fier d'avoir été choisi. Mais je ne tarde pas à m'apercevoir que la charge est plutôt lourde. D'abord, Bernard Kouchner, devenu secrétaire d'État à l'Action humanitaire, a quand même embarqué à son cabinet, il faut le dire, une bonne partie des forces vives de l'association. Je dois donc faire face comme je peux à l'avalanche de nouvelles tâches, car j'arrive à une époque où MDM commence à jouir d'une intense célébrité médiatique. C'était le moment, notamment, où était diffusée la série télévisée de Jacques Perrin *Médecins des hommes*, réalisée par Alain Corneau, Yves Boisset et Laurent Heynemann, à laquelle avaient tenu à participer Fanny Ardant, Bruno Cremer, Jane Birkin, Michel Blanc, Évelyne Bouix, Richard Bohringer, entre autres.

L'association est honorée de nouveaux membres éminents : ainsi, Erik Orsenna, conseiller de François Mitterrand, futur Prix Goncourt et académicien, nous rejoint pour nous aider à écrire et publier les nouvelles de MDM. Il sera de tous les combats. Les conseils d'administration seront l'occasion de débats permanents sur nos actions et le développement de MDM. Nous sommes célèbres, donc… Mais nos finances sont lamentables et notre organisation administrative pour le moins incertaine. Monique Donabedian, trésorière, s'attelle à la tâche, Antoine Vaccaro, remarquable «*fund raiser*», organise le flux financier, et l'argent nécessaire aux actions commence d'arriver avec une belle régularité. Quant au travail de communication, comme on dit, il est très vite pris en main par une jolie circonstance de hasard.

Durant la première année de ma présidence, mon ami Kouchner reste très présent à mes côtés. Un beau matin, il me conseille d'embaucher une attachée de presse pour promouvoir l'action de notre association : « Tiens, pourquoi pas celle de François Mitterrand ? »

me confie-t-il alors... Hasard incroyable, il se trouve que je connais la personne en question ! Il s'agit d'une amie d'enfance, Mary Sills. Fille d'un militant communiste américain, cette dernière est devenue, très jeune, secrétaire au parti socialiste avant de s'occuper des relations publiques américaines pour le compte de l'Élysée. Je la contacte sans trop y croire. Contre toute attente, sa réponse est positive. Elle m'avoue son désir de faire de l'humanitaire et de quitter le cabinet présidentiel. Nous l'embauchons alors immédiatement, trop heureux de pouvoir bénéficier d'une aide aussi précieuse.

MDM m'avait toujours beaucoup accaparé, je l'ai dit, mais me retrouver aux commandes décuple l'ampleur des tâches. Et l'ouvrage ne manque pas.

C'est au cours de cette période que nous nous rendons compte combien les sans-abri ainsi que les malades du sida et les toxicomanes sont toujours plus nombreux. Il faut se rappeler que les plus démunis échouaient sur le seuil des hôpitaux sans avoir le droit d'y entrer. Et c'est la mère du professeur Alain Deloche qui est peut-être à l'origine de l'action que nous souhaitons alors mettre en place, pour avoir avoué un jour à son fils qu'elle ne comprenait pas les *french doctors* qui couraient le monde dans tous les sens alors que la pauvreté était là sous leurs yeux. Notre agitation médiatique ne sera pas vaine. En quelques mois, nous réussissons à mobiliser l'opinion publique en faveur de notre Mission France. C'est une première en Europe. Auparavant, l'humanitaire était synonyme de départ à l'étranger, d'installation en zone de guerre ou de catastrophe naturelle. Désormais, une ONG peut être amenée à travailler auprès des plus pauvres d'un pays développé et venir en aide aux chômeurs longue durée, aux sans-abri et aux minorités sociales. Nous décidons d'aller exposer la situation à Philippe Séguin, alors ministre des Affaires sociales, en pleine cohabitation Mitterrand-Chirac. Il ouvre de grands yeux, nous prend pour des gauchistes exaltés, et nous dit : « Je ne vous crois pas, prouvez-le-moi. »

C'est l'occasion rêvée de mettre en place le modèle humanitaire : s'occuper des exclus, proposer des prises en charge, convaincre les politiques, faire des lois. C'est ainsi que nous ouvrons sur-le-champ un dispensaire, sous l'impulsion d'Alain Deloche et de Véronique Ponchet, d'abord rue de la Clef, dans le Ve arrondissement, puis rue du Jura, dans le XIIIe. Immédiatement les malades affluent, envoyés souvent par les hôpitaux : chômeurs, personnes en fin de droits, n'ayant plus de protection sociale… Histoire de médiatiser un peu notre cause, nous emmenons aux urgences de la Salpêtrière voisine, pourtant déjà un des plus grands et des plus prestigieux hôpitaux européens, un de nos malades atteint d'une hémorragie digestive. En caméra cachée, le journaliste Hervé Chabalier, qui nous a accompagnés dans beaucoup de nos missions, filme le refus de l'administration de l'accueillir. Notre action fait boule de neige, en quelques mois nous nous retrouvons avec quelque dix mille dossiers à traiter… Philippe Séguin, scandalisé, change d'avis à cent quatre-vingts degrés, crée la commission Revol, l'ensemble du monde caritatif s'y met, Emmaüs, ATD Quart-Monde, Secours populaire, Secours catholique…

Le président Mitterrand visitera secrètement le dispensaire de la rue du Jura. Cela l'amènera à nommer Bernard Kouchner secrétaire d'État à l'Action humanitaire et à l'Insertion. Il en résultera, plus tard, sous le gouvernement de Michel Rocard, le RMI, ou revenu minimum d'insertion, qui permet aux plus démunis d'avoir accès aux droits sociaux. On sait que quelques années après, la CMU viendra compléter ce RMI, ainsi que l'aide médicale d'État (AME), et qu'encore plus tard Martin Hirsch créera le RSA, ou revenu de solidarité active.

C'est aussi l'époque où, avec Jacques Lebas et André Glucksmann, nous ajoutons au serment d'Hippocrate quelques lignes que nous arrivons à faire lire par les médecins lors de leur soutenance de thèse : « Médecin, fidèle aux lois de l'honneur et de la probité édictées par le serment d'Hippocrate, je m'engage dans la mesure de mes moyens à donner mes soins à ceux qui, dans le monde, souffrent de corps ou d'esprit. Je refuse que la science ou le savoir médical couvre l'oppression ou la torture. Que l'on porte atteinte à la dignité de l'homme, que l'on cache l'horreur, je m'engage à témoigner. Je fais ces promesses solennellement, librement, sur l'honneur. » De nombreux jeunes médecins le prononceront pendant quelques années.

Dans le même temps, le docteur Jacques Lebas invente, le mot n'est pas trop fort, le dépistage anonyme et gratuit du sida. La maladie est récente, inconnue et terrible, encore irrémédiablement mortelle. Qui plus est, le premier réflexe à l'époque, même en milieu hospitalier, était de tenir à l'écart les patients séropositifs, stigmatisés comme toxicomanes et souvent homosexuels. Il faut dire et répéter, à une époque où ces tabous ont presque disparu, que le service des maladies infectieuses du professeur Gentilini à la Salpêtrière, fut le premier et longtemps le seul à accueillir ces malades. Ses trente lits disponibles étaient constamment occupés, dès qu'un patient mourait un autre prenait sa place. Pendant toute cette période effrayante où nous tâtonnions dans l'inconnu, le professeur Gentilini a été à la pointe de la recherche. Jacques Lebas, de son côté, dans son service hospitalier à Saint-Antoine et à Médecins du monde, va faire changer le regard sur les patients séropositifs. Attirés par son programme, les candidats affluent, souvent séronégatifs, mais c'est une excellente occasion pour faire un peu de soutien psychologique et distiller quelques conseils pratiques élémentaires. Le dépistage a l'intérêt majeur de permettre d'annoncer aux patients qu'ils sont séropositifs ou négatifs. S'ils sont négatifs, la prévention entre en scène et des médecins, infirmiers et psychologues de MDM vont les accompagner. S'ils sont positifs, un certain nombre de mesures pourront tout de même être appliquées (prise en charge psychologique, alimentation, prévention, contacts avec le milieu médical et accès aux traitements expérimentaux). C'est de ce geste fondateur que sont issus tous les centres de dépistage modernes, qui font désormais partie du paysage médical français. Pour un humanitaire, la reprise d'une de ses idées par l'État est la meilleure des récompenses. Dans le même temps, Jacques Lebas fait en sorte que les plus exclus des patients soient accueillis à l'hôpital. C'est ainsi que naît le centre Baudelaire, à l'hôpital Saint-Antoine, qui existe encore aujourd'hui.

Je profite de ma toute fraîche présidence pour appuyer, en octobre 1987, une grande conférence sur les droits des patients sidéens, organisée par Daniel Defert, de l'association AIDES, et Jacques Lebas. C'est là que nous prenons vraiment conscience de la dimension mondiale du problème, surtout quand Jonathan Mann, directeur du programme sida à l'OMS, nous fait un tableau complet des discriminations dont souffrent malades, homosexuels et prostitués à cause de la maladie. Nous touchons du doigt le concept de « santé et droits de la personne » qui nous animera dorénavant.

Mario Bettati, avec sa sagesse de juriste, nous aide à rédiger le premier jet de la Déclaration universelle des droits de ces malades dont voici un extrait :

1. Au regard de la loi et de la médecine, le sida est une affection comme les autres.
2. Les personnes atteintes par le virus sont protégées par la loi commune. Aucune loi d'exception ne pourra leur être appliquée.
3. Les soins aux personnes atteintes par le virus doivent être consentis sans aucune restriction.
4. Les transfusions sanguines et l'utilisation du matériel de prise de sang et d'injection devront offrir toutes les garanties possibles d'innocuité. Les responsables de chaque pays ont droit pour cela à la coopération internationale.
5. Nul n'a le droit de restreindre la liberté ou les droits des personnes au seul motif qu'elles sont atteintes par

le virus, quels que soient leur race, leur nationalité, leur religion, leur sexe ou leur orientation sexuelle.
6. Toute référence à la maladie présente ou future faite sans le consentement de la personne atteinte par le virus doit être considérée comme préjudiciable et sanctionnée dans le cadre du droit commun.
7. Toute action tendant à refuser aux personnes porteuses de virus un emploi, un logement, une assurance ou à les en priver, à restreindre leur participation aux activités collectives, scolaires et militaires doit être considérée comme discriminatoire et sanctionnée.
8. En aucun cas des examens de dépistage du virus ne doivent être pratiqués à l'insu des personnes.
9. Tous les examens de contrôle ou les dépistages qui s'avèrent nécessaires doivent être accomplis dans le respect de l'anonymat et couverts par le secret médical. Aucun dépistage ne peut être proposé qui ne soit accompagné de la garantie d'un soutien psychologique, médical et social.
10. Le secret médical qui lie les médecins entre eux et chaque médecin à son patient doit être absolu, notamment à l'égard des employeurs et des services publics. Il ne doit connaître aucune exception, quelles que soient les exigences de la technologie médicale moderne. Les données recueillies par le médecin ne doivent servir qu'à des fins médicales. Tout manquement à cette déontologie devra être poursuivi et donner lieu à réparation.

Michèle Barzach, ministre de la Santé, va beaucoup nous aider à faire accepter nos programmes auprès de l'administration. Contre vents et marées, c'est elle qui a le courage d'imposer la vente libre de seringues en pharmacie, qui va sauver des milliers de vies. Ces initiatives nous permettront de découvrir toute une population passée jusque-là sous les radars, celle des toxicomanes. Il s'agit de gens jeunes, séropositifs à quarante pour cent, rejetés de tous, très mal vus de la police et pas bien vus non plus du système hospitalier. Ce ne sont pas des patients faciles mais nous constituons des équipes de travailleurs sociaux qui leur inculquent les gestes élémentaires de non-contamination. Gilles Brücker, Bertrand Lebeau, Jean-Pierre Lhomme et Jacques Lebas organisent les premières maraudes et nous rencontrons dans le bois de Vincennes toute une population de jeunes malades, parfois réduits à l'état de squelettes. Nous commençons à distribuer des seringues propres dans nos bus MDM. L'affaire fait grand bruit, une partie de la presse et de la classe politique nous traite de pousse-au-crime, les policiers attendent les toxicomanes à la sortie des bus et brisent les seringues que nous venons de leur distribuer, mais le mouvement est lancé, l'opinion nous accepte, et notre Mission France est reconnue comme une interlocutrice incontournable.

C'est dans ce contexte que nos amis américains nous expliquent tout l'intérêt d'un médicament de substitution à l'héroïne : la méthadone. *Grosso modo*, il s'agit d'un opiacé de synthèse, un substitut de l'héroïne qui supprime l'effet de manque mais ne déclenche pas de vague de plaisir, et son administration médicale permet d'éloigner les toxicomanes du milieu des dealers, les rapproche de leur famille, les resocialise. Il nous semble donc que ce soit une solution à bien des problèmes, mais la classe politique française se dresse vent debout contre nous, la police montre les dents, beaucoup de spécialistes du milieu médical sont opposés à l'idée, y compris le grand spécialiste des drogues qu'est le docteur Claude Olievenstein. Lucien Engelmajer, dit « le Patriarche », célèbre pour ses cures de désintoxication musclées, et qui se révélera un assez désolant gourou charlatan, qui plus est violeur, me traite dans son bulletin de médecin nazi. Ce n'est pas rien comme accusation, et grâce à l'avocat Jean-Pierre Mignard un procès me fera justice.

Las de prêcher des convaincus à rebours, nous nous tournons vers nos amis américains, puis vers des ONG de pays européens et, petit à petit, avec le patient travail d'AIDES et d'Arnaud Marty-Lavauzelle, nous gagnons la confiance des associations d'usagers comme ASUD, mais il faut attendre plusieurs années encore pour apercevoir enfin le bout du tunnel, avec l'aide de l'association REPSUD. Dans les années 1990, MDM apporte son soutien plein et entier à un collectif de médecins généralistes regroupés autour du fameux docteur Jean Carpentier. Deux décennies auparavant, celui-ci s'est déjà fait connaître par son militantisme auprès des plus jeunes. À l'époque, il mène de vraies campagnes d'information sur la sexualité à l'intention des adolescents. En 1971, il est ainsi condamné par le conseil de l'Ordre des médecins pour une distribution de tracts à la sortie des lycées au titre particulièrement évocateur : « Apprenons à faire l'amour ». Vingt ans plus tard, son combat est tout autre. Avec l'aide d'une de ses acolyte et amis du XIIe arrondissement de Paris, Clarisse Boisseau, il utilise de façon détournée un opiacé, le

Temgesic, dans le but de le prescrire à une clientèle majoritairement composée de toxicomanes. Dans le même temps, il n'hésite pas à publier des articles pour rendre publique son action. Ses écrits lui permettent également de conseiller ses confrères médecins, souvent démunis face au problème de la toxicomanie. En 1992, il crée avec d'autres praticiens le Réseau des professionnels pour les soins aux usagers de drogue, le REPSUD. Faisant preuve d'un courage rare, ces médecins vont apporter leur aide à cette population de patients stigmatisés. En particulier, ils utilisent le Temgesic, qu'ils prescrivent hors autorisation et à fortes doses. En violant volontairement la législation de l'époque, ils réussissent à sauver des milliers de vies, mais subissent dans le même temps de nombreuses sanctions disciplinaires et poursuites judiciaires. De nos jours, ce médicament est régulièrement prescrit, en France et dans le monde entier. Avec le recul, force est de constater qu'il s'agit d'une très belle victoire pour le docteur Carpentier et ses amis du collectif REPSUD.

Il faudra attendre 1992 et la nomination de Bernard Kouchner au ministère de la Santé pour que nous puissions enfin sortir notre action de l'illégalité. Bernard Kouchner annonce son soutien officiel à un programme méthadone en France, les militants d'Act Up, particulièrement radicaux, s'agitent, les choses bougent ! Simone Veil succède à Bernard Kouchner, découvre à son tour la gravité de la situation et s'engage fermement, d'autant qu'elle a pu constater aux États-Unis, vingt ans auparavant, l'efficacité de la méthadone : « Nous ne pouvons plus ignorer l'existence du sida dans nos stratégies de prise en charge des toxicomanes. C'est notre devoir, je dirais même c'est notre obligation… » D'où la création d'une commission *ad hoc*, dont je fais partie, aux côtés de mon ami de toujours Arnaud Marty-Lavauzelle, le nouveau président d'AIDES. Les premières séances sont violentes et nous nous faisons copieusement insulter par des gens dont ce n'est pourtant pas le registre habituel. Mais enfin le processus s'enclenche, nous ouvrons plusieurs centres, d'abord à Paris et à Bayonne puis dans toute la France. En 1995, nous comptons deux mille places où les toxicomanes peuvent venir se fournir en méthadone et aussi en un analgésique appelé la buprénorphine, qui n'est qu'une variante du Temgésic utilisé au début par Jean Carpentier dans la plus totale illégalité. Un recensement de 2002 dénombre cent mille patients sous méthadone et buprénorphine ! La mortalité par overdose va chuter de façon spectaculaire.

À la fin des années 1990, je l'ai dit, j'entreprends de nombreux voyages à New York avec mes collègues de MDM Martin Buisson et Jean-Louis Boujenah, et l'influence américaine dans notre réflexion est manifeste. Nous visitons de multiples *shelters* pour les sans-abri. Il s'agit de centres d'accueil hébergeant plus de deux mille personnes, le plus souvent dans un gymnase. Nous en profitons pour rencontrer le professeur Ernie Drucker, épidémiologiste, à l'hôpital Montefiori, qui dépend de l'Albert Einstein College of Medecine. C'est l'un des plus grands spécialistes de la médecine sociale. Nous ne nous quitterons plus. Aujourd'hui encore, nous travaillons avec lui sur les notions de politique des drogues et de prison. Cette influence américaine va s'avérer décisive dans nos combats futurs en matière de santé publique. En effet, je profite de mon action au ministère de la Santé pour développer un véritable réseau mondial : nous créons l'International Harm Reduction Association (IRHA) – qui deviendra Harm Reduction International (HRI) – avec notre ami de Liverpool Pat O'Hare, le pionnier de la réduction des risques. Dans le même temps, nous organisons en janvier 1993 le colloque Triville (New York, Londres, Paris), ce qui est l'occasion de comparer nos pratiques dans les domaines de la toxicomanie, du sida et de l'exclusion. Pour cause d'alternance au gouvernement, Kouchner doit quitter son ministère. Faute de temps, il n'aura pas pu imposer ses réformes. Malgré tout, nous réussissons à publier ce colloque aux idées avant-gardistes dans un numéro spécial de la revue *Les Temps modernes*. Cette expérience se révélera particulièrement enrichissante. Il est rare que des politiques et des responsables d'associations, issus de trois pays différents, prennent le temps de se réunir pour avoir une approche commune en matière de réduction des risques liés aux drogues. Je me souviens de débats passionnés et militants sur la question de l'usage des seringues, de la méthadone ou du dépistage. Je me souviens surtout de la participation active d'Act Up, très engagé sur la question de la répression de la toxicomanie et des violences policières. Le collectif interpelle notamment violemment Bernard Kouchner, qui lui donnera la parole pour développer son plaidoyer.

XI

LIBAN, L'ÉTERNEL RETOUR

En parallèle à ce combat au long cours en France, les missions à l'étranger continuent. Déjà, en 1983, nous sommes retournés au Liban continuer vaille que vaille, toujours avec l'aide de Kamel Mohanna et du docteur Derwish, à Tyr, nos missions d'assistance. L'atmosphère est non seulement dangereuse, avec les bombardements, mais aussi lourde de menaces mystérieuses. La pression s'intensifie. Certaines questions ne rencontrent que du silence. Qu'importe, nous continuons, avec Bernard Kouchner, à visiter toutes nos infrastructures, que ce soit à Beyrouth, dans le Chouf ou dans le Sud. Cette période de ma vie où nous empruntons, Jacques Lebas et moi, la route de l'aéroport de Beyrouth, est celle où Jean-Paul Kauffmann est enlevé par un gang lié au Hezbollah. Il restera détenu trois ans et son compagnon d'infortune, Michel Seurat, périra de mauvais traitements en captivité. Jean-Paul sera finalement libéré grâce à l'énorme action médiatique menée par son épouse, Joëlle Brunerie, gynécologue et militante féministe, et par l'urbaniste Michel Cantal-Dupart, avec qui nous ne cesserons de collaborer ensuite sur les questions de santé dans les banlieues. Nous croisons le journaliste Roger Auque, qui sera lui aussi enlevé quatre ans plus tard. L'air du temps est décidément à l'enlèvement et de bons amis nous font comprendre, à mots couverts, que nous risquons de subir le même sort si nous nous obstinons.

Avec le recul, il m'arrive de frissonner devant notre inconscience de l'époque. Et pourtant, le pire n'était pas encore advenu. De nos jours, on enlève toujours les humanitaires, mais quand on veut vraiment que leurs organisations ne se mêlent plus d'intervenir, on les décapite, comme David Haines, de l'association Acted, en Syrie. Le but des terroristes est d'ailleurs partiellement atteint, puisque depuis ce drame la plupart des humanitaires ont changé de politique et choisissent, dans les zones à grand risque, de travailler avec de petites associations locales plutôt que d'attirer l'attention en œuvrant au sein de grandes organisations trop visibles. La survie est à ce prix, l'efficacité aussi. L'actualité récente nous rappelle douloureusement, avec le massacre de sept humanitaires d'Acted au Niger, que certaines associations peuvent être forcées d'arrêter leurs programmes lorsque les terroristes en décident ainsi. J'ai suivi pendant longtemps l'action d'Acted dans le monde, ainsi que le travail de ses animateurs Sonia Jedidi, Frédéric Roussel et Bertrand Gallais.

En tout cas, à aucun moment nous n'avons arrêté d'intervenir au Liban. En 1988, nous avons même monté un minipont aérien médical entre Chypre et Beyrouth. Et le mois de mai 1989 a vu s'accomplir un petit miracle : ce fut le moment de la seule mission conjointe de MDM et MSF, que j'organisai avec Rony Brauman. Ce fut une excellente occasion de montrer que, lorsqu'il s'agit d'apporter de l'aide, il est possible de surmonter nos rivalités dérisoires. Nous affrétons donc ensemble, à Amsterdam, un avion que nous bourrons de vingt tonnes de médicaments, prestement répartis sur place entre toutes les communautés : chrétiens, druzes, sunnites, chiites…

De son côté, Bernard Kouchner pilote des opérations d'évacuation de blessés. Comme il est désormais secrétaire d'État à l'Action humanitaire et que je suis de mon côté le président de MDM, nos chemins se croisent une fois de plus. *La Rance*, navire-hôpital de la marine française, évacue un premier contingent de blessés, tous chrétiens, à partir du port de Tyr, puis, équilibre confessionnel oblige, un grand nombre de blessés musulmans dans une seconde rotation. Le tout au milieu de combats intenses et meurtriers. Il suffit de sortir dans la rue pour se heurter à des cadavres. Le photographe de guerre Joël Robine et moi gardons le souvenir de dizaines de morts, couchés en plein milieu de la chaussée. Je revois de simples passants atrocement blessés, de ces blessures qui vous laissent handicapé pour toute la vie. Je n'ai toujours pas pu chasser de mon souvenir, trente ans après, le regard halluciné d'un garçon de cinq ans qui errait, hébété, seul dans une rue de Beyrouth, à la recherche d'un improbable abri. Qu'étaient devenus ses parents, et qu'aura-t-il trouvé pour se protéger ? J'ai pourtant vu au hasard des crises beaucoup de ruines, beaucoup de blessés, beaucoup de corps sans vie, pourquoi faut-il que cette vision-là me hante plus que d'autres ? Quoi qu'il en soit, là comme ailleurs, encore et encore, ce sont les civils qui souffrent le plus. Les Libanais ont coutume de donner un bon conseil : Si vous voulez être sûr de sortir intact de la guerre, engagez-vous dans une milice armée… Tout a une fin : de guerre lasse, un cessez-le-feu bricolé finira par mettre un terme aux affrontements.

En 2006, l'incendie libanais a repris, mais cette fois les protagonistes ont changé. Tsahal, l'armée israélienne, affronte directement les milices chiites du Hezbollah d'Hassan Nasrallah, avec l'espoir de les liquider une fois pour toutes. Mais, à la fin du conflit, à la surprise générale, les deux parties feront presque jeu égal. Tsahal s'étant retiré et les civils, comme d'habitude, manquant de tout, la constante politique française d'assistance au Liban se déploie. Via Éric Chevallier, directeur des missions à MDM, aujourd'hui ambassadeur de France, et à la demande expresse du président Jacques Chirac, je suis chargé d'accompagner Philippe Douste-Blazy, ministre des Affaires étrangères, avec pour mission d'organiser la distribution de l'aide humanitaire dans l'ensemble du pays. Nous trouvons notre ambassadeur, Bernard Émié, fort inquiet, il nous explique que l'aviation israélienne bombarde jusque dans les quartiers sud de Beyrouth. Un ministre français touché par un missile, cela ferait désordre. Par chance, Kamel Mohanna, mon ami de toujours, est à présent le président de toutes les ONG libanaises et une fois de plus, grâce à son aide, les difficultés s'aplanissent comme par miracle et notre travail devient possible. Mais les journées sont épuisantes et éprouvantes pour les nerfs. Alors parfois le soir nous

nous retrouvons pour dîner avec quelques amis libanais dans un restaurant de la Corniche. Kamel pioche dans son inépuisable stock de blagues. Nous forçons un peu sur le raki pour les uns, sur la bière ou le vin pour les autres, nous chantons, pas toujours juste, mais il faut bien évacuer le stress quotidien. Car pendant ce temps, quelque cinq cent mille réfugiés arrivent dans le nord du pays et à Beyrouth même. Il faut installer des camps provisoires, organiser d'urgence la distribution des vivres et des médicaments. Nous parons au plus pressé vaille que vaille, comme d'habitude : organiser, c'est improviser… Je note en passant un minuscule coin de ciel bleu, car il y a quand même, de temps en temps, de quoi se remonter un peu le moral : le conflit a fait surgir des dizaines d'ONG non confessionnelles. Poussant comme des champignons après la pluie, elles sont composées souvent de très jeunes gens et, miracle, souvent dirigées par des femmes, très dynamiques et compétentes, quelle que soit leur confession d'origine. L'inverse des années 1980. Bref, le pire étant souvent probable, il n'est pas toujours sûr, il peut y avoir des exceptions. Des ratés de l'histoire, sans doute… Car la situation politique reste inextricable et les meilleurs Libanais ne savent plus à quel saint se vouer. Une amie journaliste chrétienne ira jusqu'à me dire : « Tu vois, c'est une erreur de trop mal juger les gens du Hezbollah, comme vous le faites à Paris. À leur manière, ce sont des patriotes et ils rendent sa fierté au peuple libanais ! »

J'entends, comme on dit…

D'autant que dans le même temps, l'armée israélienne, sans trop se soucier du respect des conventions internationales, s'active méticuleusement. Il s'agit d'une véritable entreprise de démolition, c'est toute l'infrastructure du pays, en particulier autoroutière et énergétique, qui est mise en pièces. Le Liban en sort cassé et, soit dit en passant, les avions de Tsahal ne se privent pas de bombarder les couloirs humanitaires imposés par le CICR. Sans doute par erreur, mais on peut alors parler d'erreurs systématiques. J'accorde alors une attention toute particulière à cette question, puisque dans le cadre du DU droit et stratégie humanitaire que je viens de créer à l'université Paris-8, je prépare justement un colloque, « Humanitaire et militaire », qui touche de près à ce problème.

Il y aura ensuite un répit dans la tragédie interminable de ce pays, et même, à l'été 2009, une embellie, au point que je me permettrai d'y passer quelques jours de miraculeuses vacances, toujours en compagnie de Kamel Mohanna. Nous voyagerons sans problème dans tout le Liban et terminerons notre périple en Syrie, à Damas, où nous serons accueillis par Suzanne, l'ex-religieuse chrétienne déjà évoquée. Nous ne pouvions pas savoir à quel point ces moments de paix retrouvée étaient fragiles.

Aujourd'hui, alors que le Liban s'enfonce dans la crise économique et supporte sans trop se plaindre la présence de tant de réfugiés syriens sur son sol, l'organisation AMEL continue, à mes yeux, de représenter l'idéal de ce que doit être de nos jours une organisation humanitaire nationale. Ses vingt-quatre centres et six cliniques installés dans les zones les plus déshéritées – banlieue sud de Beyrouth, mont Liban, plateau de la Bekaa, Sud Liban –, arrivent à répondre à la fois aux besoins de santé, d'éducation, de formation professionnelle, de développement rural, de protection de l'enfance, d'équilibre psychologique des populations malmenées et, pour couronner le tout, font, sans se décourager, la promotion des droits de l'homme dans un pays où l'on pourrait penser qu'il y a d'autres urgences. Les gens d'AMEL, en plus de parer au plus pressé face aux dégâts causés par l'explosion du port, sont engagés à fond dans la prévention et le traitement de la pandémie de Covid-19, qui frappe au Liban comme ailleurs. Ils sont tout simplement exemplaires.

XII

TOXICOMANIE ET LÉGALISATION : LE DÉBAT SANS FIN

Au niveau international, notre association de réduction des risques (IHRA) prend également de l'ampleur. Autour de notre mentor Pat O'Hare, nous multiplions les congrès afin d'informer et d'éduquer les gens sur cette politique de réduction des risques : Rotterdam en 1994, Florence en 1995, Hobart en 1996. J'apprends qu'il me revient d'organiser la prochaine conférence à Paris pour l'année 1997. Afin d'inciter les congressistes présents à nous suivre, j'entame au micro une petite chanson, « April in Paris » d'Ella Fitzgerald. Pendant un an, nous préparons le congrès avec le parrainage d'AIDES, de MDM et de la Mutualité française. J'assume la présidence de l'événement avec Anne Coppel, sociologue, remarquable chercheuse que certains appellent « la Fée méthadone » et qui nous aura aidés à développer le concept de « réduction des risques ». Les comités d'organisation et scientifiques sont très prestigieux. C'est une réussite qui aura, à l'époque, un véritable impact médiatique. En charge de la soirée de gala, je contacte Jean-François Bizot, du magazine *Actuel*. Il me met en relation avec Rémy

Kolpa Kopoul, grand animateur sur Radio Nova. Ce dernier nous trouve un orchestre colombien encore totalement inconnu à l'époque : Youri Bonaventura. Le concert a lieu au Bataclan, plus de mille cinq cents personnes sont présentes ! Le groupe clôture la soirée avec une reprise de Jacques Brel, le fameux « Ne me quitte pas », une version qui deviendra un succès. Au total, la conférence va durer quatre jours. Les échanges sont très fructueux entre intervenants français et étrangers. Peu à peu, je sens les mentalités évoluer. J'anime la séance de clôture et réussis à réunir de grands noms : Simone Veil, Michèle Barzach, Bernard Kouchner et Étienne Cagnard (président de la Mutualité française). Dans la salle se trouve également la présidente de la mission interministérielle de lutte contre la toxicomanie, Françoise de Veyrinas. Durant deux heures, la question de la réduction des risques s'impose. Les conclusions sont très claires : il faut faire des traitements de substitution une priorité absolue. L'alliance entre tous ces ministres, de droite comme de gauche, est totale : la santé publique ne doit jamais être un enjeu partisan !

Le 4 juin 1997, à la suite de la dissolution de l'Assemblée nationale voulue par le président Jacques Chirac, un nouveau gouvernement de cohabitation est nommé. Immédiatement, Lionel Jospin charge Bernard Kouchner du poste de secrétaire d'État à la Santé et à l'Action sociale. Je reprends alors le chemin de l'avenue de Ségur pour m'occuper des questions de toxicomanie.

Conformément aux souhaits de Kouchner, je mets en place un comité d'organisation. On y retrouve

Gilles Brücker, Jean Carpentier, Anne Coppel, Anna Fradet, Bertrand Lebeau, Alain Morel et Marc Valleur. Ensemble, nous décidons de rédiger un appel :

> Le sida et l'exclusion ont touché de plein fouet les toxicomanes. Cette situation a bouleversé les conceptions et les pratiques. Au-delà de nos antagonismes initiaux, nous nous rejoignons sur des constats et des préoccupations communes pour offrir l'accès à la prévention et aux soins au plus grand nombre et répondre aux exigences d'une politique de réduction des risques. Nous voulons, de notre place et sans confusion des rôles, dialoguer et coopérer avec ceux qui participent à la construction de la politique publique en matière de drogues. Nous souhaitons que notre démarche soit reprise par les magistrats, les policiers, les élus locaux avec le même souci de pragmatisme, de modestie mais aussi de volonté d'améliorer sans préjugés la situation…

Par la suite, le gouvernement Jospin fera tout, en particulier grâce à l'action de la magistrate Nicole Maestracchi à la mission interministérielle sur la toxicomanie, pour que notre politique s'applique dans les faits. Et pendant ce temps, nos amis de MSF reprennent nos recettes et en font profiter des pays où le problème est important, comme l'Afrique du Sud. Malgré plusieurs échecs en Russie, en particulier à Saint-Pétersbourg, MDM a essayé de développer une politique de réduction des risques auprès d'une population de jeunes toxicomanes particulièrement touchée par le VIH. En effet, les pouvoirs publics de l'époque se sont toujours montrés très sceptiques face à nos pratiques. Par conséquent, il a été impossible de poursuivre ces programmes. À cause de la politique répressive, le taux de contamination du sida en Russie s'avère, de nos jours encore, l'un des plus élevés au monde. MDM développera par la suite un programme à Kaboul dans des conditions très difficiles. C'est au Vietnam que nos actions seront le mieux reçues : depuis plusieurs années déjà, l'antenne de MDM à Bayonne est sans nul doute l'une des plus actives. À sa tête, notre ami et psychiatre Jean-Pierre Daulouède. Amoureux du Vietnam, il connaît les dégâts engendrés par l'héroïne sur la jeunesse vietnamienne et l'inaptitude totale des pouvoirs publics à y répondre. Pendant plusieurs décennies, le gouvernement s'est en effet limité à la répression policière pour combattre ce fléau. Les usagers étaient placés dans des camps de rééducation où l'épidémie de sida ne cessait de se développer. Cherchant à changer progressivement les mentalités, Daulouède mène, dans un premier temps, un programme de substitution à Ho Chi Minh-Ville. Pour prouver l'efficacité de nos méthodes, il prescrit à deux groupes d'usagers d'héroïne des médicaments de substitution : de la méthadone ou de la Suboxone. Les résultats sont si spectaculaires que Daulouède obtient rapidement la confiance du gouvernement vietnamien. En collaboration avec les professeurs O'Brian (université de Pennsylvanie) et Auriacombes (université de Bordeaux), il monte un projet qui obtiendra un financement du NIDA (Institut américain de la toxicomanie). Ironie de l'histoire : ce sont donc d'anciens pays colonisateurs qui animent aujourd'hui au Vietnam une politique de réduction des risques ! Et c'est à Diên Biên Phu, proche de la frontière avec le Laos, que nous projetons de développer un programme à l'intention de milliers d'usagers contaminés par le VIH.

Les 12 et 13 décembre 1997, nous organisons des Rencontres nationales sur la toxicomanie et l'abus de drogues. C'est un véritable succès : trois cents personnes viennent échanger sur ces questions au ministère de la Santé. Le public est pluriel : intervenants en toxicomanie, magistrats, policiers, universitaires… Sont également présents dans la salle monseigneur Rouet (ancien président de la commission sociale de la conférence épiscopale), Jean-Pierre Changeux, Roger Henrion et Thomas Zeltner (à la tête de la direction fédérale de la santé publique suisse). Notre but est clair : obtenir l'abolition de la loi du 31 décembre 1970 relative à la lutte contre la toxicomanie, la répression du trafic et l'usage illicite de substances. Durant tous nos débats, ce texte va être l'objet de nos attaques les plus virulentes : dispositions injustes, non respectées, voire dangereuses… Les termes ne sont pas assez durs à l'encontre de cette loi. Pour nous, c'est sans nul doute la cause de la marginalisation des usagers de drogues et du maintien de la toxicomanie en France. Bernard Kouchner nous entend. Mais il ne peut pas décider de modifier tout cela si brutalement. Devant le parlement, il sait que nous n'avons aucune chance. Le constat est rude… Mais également lucide.

Malgré cette déception, un véritable plan d'attaque est mis en place. Si nous ne pouvons changer la loi, il est urgent de changer les pratiques sur le modèle de réduction des risques. Nous sollicitons l'aide de scientifiques pour obtenir de nouvelles données, travaillons en étroite collaboration avec le Comité national d'éthique, et décidons de recourir à de nouveaux médicaments. En particulier, notre attention se porte sur la question de l'usage de l'héroïne sous contrôle médical et sur les malades particulièrement exclus, voire totalement désocialisés. Nous souhaitons également proposer une assistance médicale dans les raves et tester les produits ingurgités lors de ces soirées festives. Dans le même temps, nous entendons développer les missions de la direction interministérielle de lutte contre la toxicomanie : assurer un suivi des personnes vulnérables, rechercher de nouveaux partenaires pour notre politique de réduction des risques, intervenir dans les écoles pour sensibiliser les jeunes aux risques encourus, aider les familles victimes, directes ou indirectes, des drogues…

Deux événements transforment radicalement le paysage de la prise en charge de la toxicomanie en France. En 1999, Kouchner commande un rapport sur la dangerosité des drogues à Bernard Roques, professeur en pharmacologie à l'université Paris-Descartes. Son succès est tel que ce texte fera ensuite l'objet d'une publication aux Éditions Odile Jacob[1]. Contre toute attente, cet éminent scientifique préfère insister sur la dangerosité de produits légaux en France. Ainsi, d'après lui,

1. Bernard Roques, *La Dangerosité des drogues, rapport au secrétaire d'État à la Santé,* Paris, Éd. Odile Jacob, 1999.

l'addiction à l'alcool est quasiment équivalente à celle à l'héroïne. Plus incroyable encore, les effets du tabac seraient beaucoup plus nuisibles pour la santé que ceux du cannabis ! À l'issue de ces conclusions, Bernard Kouchner décide de l'ouverture à travers le pays de nouveaux services d'addictologie à l'intention des usagers de drogues, qu'elles soient licites ou illicites. L'année suivante, le gouvernement Jospin transfère la tutelle de la mission interministérielle contre la toxicomanie. Autrefois dépendante des services du Premier ministre, celle-ci va désormais relever directement de l'autorité du ministère de la Santé. À sa tête, Kouchner nomme Nicole Maestracchi. C'est sous la direction de cette magistrate que la MILDT[2] va réaliser un travail remarquable et poursuivre une politique engagée. L'ensemble de son action fera en 2001 l'objet d'une importante synthèse dans un ouvrage publié aux éditions du Seuil, *Drogues : savoir plus, risquer moins*[3]. Cette publication se donne pour but d'informer largement le public.

En 1998 se tient une assemblée générale des Nations Unies sur les drogues en présence d'une importante délégation française dirigée par le président Jacques Chirac.

Kouchner est en total désaccord avec la vision de Pino Arlacchi, monsieur antistupéfiant des Nations unies, qui, dans un discours resté célèbre, ira jusqu'à

2. Mission interministérielle de lutte contre la drogue et la toxicomanie.

3. *Drogues : savoir plus, risquer moins*, Paris, Éd. du Seuil, 2001.

promettre l'éradication complète de la culture du pavot en Afghanistan... Quelle utopie ! Ils auront d'ailleurs un débat assez violent. Jacques Chirac président décrira la timide politique de la France.

Pendant cette assemblée générale des Nations unies, je participe de mon côté à une « conférence parallèle » sur la politique de réduction des risques menée en France. Contre toute attente, je repère dans la salle de hauts représentants de la police française. Sur le moment, je n'y fais pas vraiment attention. C'est à mon retour à Paris que les événements s'accélèrent. Je suis immédiatement convoqué par Martin Hirsch, directeur du cabinet de Kouchner. Il m'accuse d'avoir eu des propos très désobligeants à l'encontre du chef de l'État. Je m'insurge, c'est totalement faux ! Quelques semaines plus tard, j'apprends que cette attaque est, en réalité, commanditée par le ministre de l'Intérieur. Ces propos diffamatoires émanent du chef de la mission « antidrogue », le commissaire Michel Bouchet. Je croise ce dernier par hasard au Sénat à l'occasion d'un discours prononcé par Kouchner. Il m'avoue avoir commis une erreur : « C'est un malentendu. J'ai fait traduire votre intervention par un ami journaliste. Il a confirmé que vous n'aviez jamais critiqué notre président de la République. » Un micro-incident qui en dit long sur les tensions persistantes à l'époque entre les différents ministères... Par chance, les nombreux débats organisés lors de la campagne présidentielle de 2002 vont par la suite largement plaider en notre faveur.

Il n'y a pas si longtemps, en février 2013, je me suis insurgé avec Bernard Roques dans une tribune publiée par *Libération* contre l'hostilité déclarée d'un bon nombre de responsables politiques envers la création à Paris d'une salle de consommation de drogues à moindres risques. Des cris d'orfraie retentirent dans la volière parlementaire, excitée par notre titre un brin provocateur : « Pourquoi il faut des salles de shoot… » J'espérais sensibiliser une opinion publique peu au fait de l'urgence humanitaire qui se cache derrière un problème jusque-là traité sous l'angle sécuritaire. Il n'y avait pourtant rien de bien nouveau. Déjà, en 1997, toujours avec Bernard Roques, nous avions détaillé les avantages d'une politique de prévention : diminuer les accidents mortels (par overdose), limiter les risques de contamination, lutter contre le climat d'insécurité que provoquent forcément les drogues dures, à cause des rixes, des vols, de la prostitution et des réseaux mafieux que cela attire. Nous mettions en avant l'expérience genevoise, qui avait abouti à la définition d'un véritable modèle suisse. L'idée était de « découpler » progressivement les usagers de drogues dures du milieu et des habitudes de la marginalité et de les réintégrer progressivement dans une vie personnelle et sociale « normale ». Pour cela, la Ville de Genève avait tout simplement installé des salles de shoot où les patients, épuisés parfois par des années de drogue, pouvaient s'injecter de l'héroïne sous contrôle médical et avoir accès à des médicaments de substitution en liaison avec le réseau sanitaire classique. Au départ, cela ressemblait fort à une mission impossible, mais au bout de cinq ans, le résultat était là, éclatant : les médecins pouvaient présenter aux politiques un bilan encourageant, avec la chute de la consommation d'héroïne, une diminution des infections et de la contamination par le VIH, l'amélioration de la santé mentale des patients et un taux de suicide en baisse. Une grande majorité de patients avaient cessé d'avoir des problèmes financiers (l'héroïne coûte cher…), avaient retrouvé un domicile fixe et avaient de nouveau un travail. La cheville ouvrière en même temps que la grande ordonnatrice de ces programmes était alors la directrice de la santé de la Ville de Genève, le docteur Annie Mino.

À Paris, MDM et l'association Gaïa participent également à la première expérimentation de salle d'injection. L'existence de telles structures est notamment préconisée dans le fameux rapport Roques, publié il y a vingt ans. Ce retard est la preuve que nous devons poursuivre notre ingérence dans le domaine de la santé publique, à l'instar de ce que nous avons déjà pratiqué à propos des massacres de masse, des génocides, de l'épuration ethnique ou des crimes contre l'humanité. Dans le même ordre d'idée, force est de constater que la loi de 1970 sur la pénalisation de l'usage des drogues n'est pas près d'être abolie. Et pourtant… En février 1998, j'avoue avoir essayé de convaincre Simone Veil de prendre la tête d'un mouvement pour en finir avec cette fameuse loi. J'espérais obtenir son accord et la voir s'engager médiatiquement, comme à l'époque de son combat pour l'avortement. Je l'ai rencontrée dans son bureau, rue Bixio. Elle m'a écouté attentivement. Mais a décliné ma proposition sous prétexte que l'Assemblée nationale ne serait jamais d'accord. À Paris, une seule salle de consommation à moindre risque a été ouverte, à l'hôpital Lariboisière, ce qui rend sa gestion difficile malgré ses remarquables responsables.

En 2016, l'assemblée générale des Nations unies sur les drogues ne décide d'aucune mesure concernant l'émergence, au niveau mondial, d'une réelle politique de réduction des risques. Face à une telle situation, de nombreuses ONG vont agir en coulisse afin de faire avancer le droit dans différents pays. Ce sera, par exemple, le cas aux États-Unis où, à partir de 2012, pas moins de cinq États vont officiellement décider la légalisation du cannabis ! Pour autant, cette mesure est loin d'être laxiste. Elle reste entourée de dispositions très sévères pour protéger au mieux les mineurs dans les écoles, les chauffeurs sur la route et les employés sur leur lieu de travail.

En France, je continue régulièrement de m'insurger contre l'hypocrisie ambiante des pouvoirs publics concernant la question du cannabis. Produite le plus souvent au Maroc, cette résine est revendue ensuite dans les banlieues françaises et belges. Or, cet argent finance indirectement le grand banditisme ou le terrorisme islamique et provoque de nombreux règlements de comptes, notamment à Marseille. En cas de légalisation, il est certain que de tels marchés parallèles n'auraient plus aucune raison d'exister. Les bénéfices de cette mesure se feraient donc sentir aussi bien dans la sécurité que dans la santé publique…

Après plusieurs décennies de prohibition, deux tiers des États américains ont aujourd'hui légalisé l'usage médical de cannabis et un sur cinq en autorise l'usage non médical pour les adultes. (OFDT) Le cannabis est légal en Uruguay depuis 2013 et au Canada depuis 2018 ; les multiples études à ce sujet n'ont pas constaté d'effets délétères.

Nous en sommes au point où la Global Commission on Drug Policy, qui regroupe de nombreux anciens chefs d'État ou de gouvernement, présidée par Ruth Dreifuss, l'ancienne présidente de la Confédération helvétique, consciente de l'urgence de la situation, affirme qu'il faut dépénaliser l'usage des drogues et légaliser le cannabis. L'ancien président brésilien Fernando Henrique Cardoso déclarera même : « L'inefficacité du système actuel est largement établie, et le changement est non seulement nécessaire mais aussi réalisable. La session extraordinaire de l'assemblée générale des Nations unies de 2016 sur les drogues nous apparaît comme une chance historique de discuter des lacunes du régime de contrôle des drogues, de déterminer des solutions de remplacement applicables et de lier le débat à ceux en cours sur les droits de l'homme et le programme de développement pour l'après-2015. »

Quiconque a eu l'occasion d'entrer dans Paris par la porte de la Chapelle ne peut qu'avoir été sidéré par le spectacle de « la colline du crack », avec ses centaines de jeunes hommes et femmes, clandestins, misérables, drogués, en proie à la prostitution, errant sur les terre-pleins ou traversant entre les voitures et faisant la manche au feu rouge. L'ampleur de la détresse de ce lieu coupe le souffle et fait comprendre que l'on n'est pas en présence d'un simple désordre qui pourrait être réglé par une intervention policière, mais que c'est toute la misère du monde qui est venue s'incarner aux portes de Paris. Il ne s'agit donc plus d'un problème sécuritaire mais d'un problème de santé publique et d'un problème politique. Le travail des politiques devant cette situation étant de se livrer à une analyse et de définir les moyens à mettre en œuvre, il est grand temps de réunir le savoir et l'expérience acquis sur ces questions depuis maintenant trente ou quarante ans pour enfin apporter une réponse à la hauteur de l'enjeu.

Car il y a du nouveau, en tout cas en région parisienne. Jusqu'ici, les usagers de drogues qui avaient le malheur de se trouver dans Paris intra-muros étaient discrètement mais fermement repoussés en banlieue, puis de plus en plus loin. Bref, ils étaient glissés sous le tapis, loin des regards des touristes et des bonnes consciences. Mais voilà que le mouvement s'est inversé et que les drogués de la Chapelle entrent dans Paris, s'incrustent du côté de Stalingrad et y rendent la vie intenable aux habitants, aux voisins qui ont des enfants et ne détesteraient pas se promener le soir sans être bousculés par des individus agressifs et incontrôlables. D'où la tentative, risquée mais qui commence à donner des résultats, de regrouper les usagers de crack dans un square, du côté de Jaurès. Bien sûr ce n'est pas l'idéal, c'est du provisoire, mais enfin ils ne sont plus à la rue et peuvent se défoncer dans des conditions à peu près acceptables, pas trop loin d'un poste de contrôle médical.

Voilà de nombreux mois que la situation de ces usagers de crack dans Paris intra-muros a dégénéré. On assiste, sur fond de détresse, à un décourageant jeu de ping-pong, un jeu où les bureaucrates sont passés maîtres, entre la Mairie de Paris et le ministère de l'Intérieur : « Nous n'y sommes pour rien, c'est aux autres d'agir. » Ne pourrait-on pas, au prix d'un tout petit peu de volonté politique, surmonter ces vieux réflexes issus du cerveau des administrations, et reconnaître qu'il s'agit, sous le périphérique de la porte de Pantin, d'un problème de santé publique et d'un problème social, et se souvenir que les solutions existent bel et bien, qu'elles ont déjà été proposées et qu'elles ont été expérimentées ici ou là ? Car on sait depuis longtemps installer, à moindres risques, des structures d'accueil légères, mais où la souffrance des usagers peut être prise en charge et leur détresse sociale allégée. Ces usagers problématiques, créateurs de désordres et nuisances en tous genres, ne sont pas si nombreux. On pourrait, en leur portant une assistance cohérente, éviter bien des drames. Seulement voilà, nous sommes en période électorale et tous ceux qui auraient l'autorité nécessaire pour prendre une décision sont tétanisés. Pendant que des gens abandonnés de tous s'autodétruisent et exaspèrent l'opinion publique, le bras administratif qui commande le coup de tampon salvateur reste bloqué en l'air, comme paralysé. Pour dépasser ces absurdités, il faut vraiment espérer, et donc réclamer, une intervention du politique au plus haut niveau, le seul d'où l'on puisse voir loin pour prendre des décisions qui engagent l'avenir.

Je voudrais préciser que cette « crise du crack » n'a rien à voir par son ampleur avec la tragédie qu'ont connue, que connaissent encore les États-Unis, où toute une panoplie d'opiacés est responsable de cent mille morts par an : des simples *painkillers*, en vente libre dans tous les drugstores, aux drogues dures comme l'héroïne ou encore le terrible fentanyl, produit à foison dans les laboratoires chinois. Les autorités de police et de santé sont totalement dépassées par l'ampleur du phénomène et la structure fédérale du pays ne facilite pas l'élaboration d'une réponse globale. Cette situation n'existe pas en France pour l'instant grâce à la disponibilité des médicaments de substitution et à la gratuité des soins.

En France, MDM mène depuis longtemps des études sur l'efficacité (remarquable) des produits de substitution que sont la méthadone et le Subutex. Cela a débouché sur la création de salles de shoot où les usagers de drogue par injection, trouvent, pour les plus atteints, des conditions de consommation à moindres risques et, pour les autres, l'amorce d'un processus de retour à une vie moins fracassée, avec un logement, avec un travail. Pour l'instant, il n'existe que deux salles, une à Paris et une à Strasbourg, issues d'un programme expérimental sur six ans, pensé en 2012, lancé en 2016, et qui devrait donc se conclure dans un an au plus tard. Si les résultats de Strasbourg sont encourageants, il faut dire que le nombre d'usagers n'y est pas trop important. À Paris, le centre hébergé dans des locaux dépendant de l'hôpital Lariboisière est sous tension, ses deux cents places ne suffisent pas à répondre à la demande et le voisinage est à bout de nerfs. La gestion en est assurée par des équipes de l'association Gaïa, qui font un travail extraordinaire, s'accrochant contre vents et marées dans une ambiance dantesque, le mot n'est pas trop fort, où le moindre microsuccès peut être balayé par un échec ravageur, où l'on n'a même pas le temps de bâtir un château de sable parce que les vagues, l'une après l'autre, viennent en saper les fondations. Contre toute logique, loin de tout espoir de reconnaissance, ils tiennent, parce que c'est la seule chose à faire face à une telle urgence, en attendant que de vraies mesures soient prises. Les perspectives, pour une fois, donnent un peu d'espoir : des salles sont prévues à Marseille et Bordeaux, ainsi que d'autres à Paris, car celle de Lariboisière a bien besoin d'être décongestionnée.

Nous venons de le voir, les progrès dépendent d'une décision politique au plus haut niveau, car il y a le feu. Quand je dis que la santé publique est une question politique, c'est dans tous les sens du terme, y compris au niveau de la sécurité globale. Il faut donc agir et c'est là que le bât blesse régulièrement. On ne peut en vouloir aux politiques de commencer par jeter un coup d'œil au calendrier électoral avant de prendre une décision qui peut se révéler impopulaire auprès d'une partie de l'opinion, mais en démocratie on n'est jamais très loin d'un enjeu électoral national. J'ai trop vu de décideurs devoir peser le pour et le contre dans des situations critiques pour leur jeter la pierre, les meilleurs d'entre eux ont bien entendu le sens de l'urgence, mais aussi celui de l'opportunité. Toutefois, à force de considérer à juste titre que « ce n'est pas le moment », on en arrive sans s'en rendre compte au moment où « c'est trop tard ». Je suis persuadé qu'une personnalité politique qui déciderait demain de légaliser le cannabis en France raflerait au moins cinq cent mille voix de plus qu'elle n'en perdrait : de quoi faire basculer une élection présidentielle dans un sens ou dans l'autre…

XIII

LA TERRE TREMBLE EN ARMÉNIE

La lutte contre le sida et la réflexion autour de la toxicomanie sont donc un combat au long cours, qui a coïncidé avec mon investiture à la présidence de MDM et a continué bien après la fin de mon mandat.

Mais mes deux ans de présidence furent traversés de bien d'autres événements, à commencer par la terrible tragédie qui s'est abattue sur l'Arménie. Le 7 décembre 1988, un séisme de force 7 sur l'échelle de Richter dévaste deux villes de l'Arménie soviétique, on compte cinquante mille morts, quinze mille blessés et cinq cent trente mille sans-abri. Avec l'aide de Monique Donabedian et du chirurgien Bernard Andreassian, nous réunissons promptement vingt tonnes de matériel et des équipes, majoritairement composées d'Arméniens, prêtes à intervenir. Mais que va faire l'Union soviétique ?

Grâce à Bernard Kouchner et à Mario Bettati, le 8 décembre 1988, la résolution 43/131 de l'assemblée générale des Nations unies est adoptée. Elle concrétise définitivement le « droit d'assistance humanitaire à l'égard des victimes de catastrophes naturelles ou de situations d'urgence du même ordre. » Le jour même, le cabinet de Bernard Kouchner nous téléphone pour nous transmettre l'incroyable nouvelle : nous sommes autorisés à atterrir en Arménie, et qui plus est sans visa ! Certes, ce n'est plus l'Union soviétique de Brejnev, mais sans la résolution de l'ONU qui sait si même Gorbatchev aurait accepté d'ouvrir ses frontières. Deux ans auparavant il nous avait été interdit d'apporter une aide lors de la catastrophe de Tchernobyl.

Sur place, le travail est écrasant. Andreassian se consacre à la ville d'Erevan et commence à travailler à l'hôpital. Je fais partie de la seconde vague qui s'occupe de Spitag, l'autre ville martyre. Tous les villages alentour sont dévastés, la température est de moins vingt degrés, notre première tâche consiste à distribuer couvertures, vêtements chauds et nourriture. Dans les ruines, je suis interpellé par un homme âgé d'environ soixante-quinze ans qui parle un excellent français. Et pour cause : quand il était tout enfant, sa famille fuyant le génocide turc s'était réfugiée en France. Il avait ensuite rejoint les Brigades internationales pendant la guerre d'Espagne, puis les maquis de la Résistance française. Il me montra d'ailleurs, très fier, sa carte de FTP. La guerre finie, il avait choisi de rejoindre son pays. Quarante ans plus tard, le séisme lui prenait ses biens, sa maison, sa famille…

Le lendemain, je reçois un message angoissé d'Andreassian. Dans les hôpitaux d'Erevan, la situation est catastrophique, il faut de toute urgence des appareils à dialyse rénale pour lutter contre le « crush syndrome », une affection rénale consécutive aux écrasements. Alors que je m'efforce de faire envoyer une centaine de machines depuis Paris, nous assistons, impuissants, au décès de nombreux malades... Je fais encore un crochet par la ville de Leninakan, où une équipe de sauveteurs français s'active autour d'un silo effondré, sous lequel un certain nombre de gens sont encore coincés. Dix d'entre eux seront sauvés grâce à des secouristes cynophiles français.

Nos équipes vont encore s'activer plusieurs mois tant il reste à faire. Pendant des années nous continuerons à intervenir en Arménie, de la reconstruction au soutien psychologique des enfants de disparus. Mais, pour ma part, je suis obligé de rentrer à Paris, où MDM poursuit son action.

Nous sommes bientôt en 1989, tout le monde se prépare à célébrer dignement le bicentenaire de la Révolution française. À cette occasion nous rencontrons Edgar Faure, le grand manitou de cette commémoration, après la mort de Michel Baroin dans un accident d'avion. Nous travaillons donc avec son secrétaire général, Pierre Lunel, et enfin son successeur, Jean-Noël Jeanneney, pour intégrer à l'événement le projet de Convention des droits de l'enfant, que nous réussirons à faire adopter à l'ONU à l'automne 1989. Un succès pareil, ça se fête : avec l'aide d'Albina du Boisrouvray, MDM décide donc d'une action. Quinze gamins, croisés dans le monde entier au gré de nos diverses interventions, sont invités à naviguer sur un trois-mâts commandé par le skipper Philippe Facque. Deux siècles plus tard, ils vont ainsi réemprunter la route des esclaves : Nantes, l'île de Gorée, près de Dakar, Fort-de-France... À chaque étape, ils vont peaufiner avec d'autres enfants rencontrés sur place et avec l'aide d'éducateurs d'Action École le texte du projet de résolution. Ils étudient les sujets les plus divers : l'école, bien sûr, mais aussi le travail, la famille, les drogues, la faim, la guerre, l'exode, la prostitution, le divorce, l'accès aux soins... Arrivés à New York, ils remettront leur copie à Javier Pérez de Cuéllar, le secrétaire général de l'ONU. Sans faiblir, ils s'exprimeront devant la presse et les représentants de l'Unicef, et prononceront un discours devant le secrétaire général, dont un passage résonne encore dans ma mémoire :

> C'est notre monde que vous détruisez en faisant la guerre et en négligeant de nous protéger. Tous les enfants malheureux n'ont pas eu la chance de faire ce voyage et c'est pour cela que nous disons « Help » et que nous exposons leurs problèmes. Pour tous ces enfants qui souffrent, en leur nom, nous demandons aux États membres des Nations unies de prendre en considération nos réflexions pour qu'il n'y ait plus d'enfants victimes de la guerre, de la faim, de la drogue, de la prostitution et du manque de soins médicaux, d'éducation, de protection et d'affection. Nous exigeons que la Convention des droits de l'enfant soit adoptée, signée, ratifiée, et surtout appliquée dans tous les pays du monde.

Trente ans plus tard, Albina et moi aurons la surprise et l'émotion de constater que la plupart de ces gosses, après cette fameuse croisière, bien que s'étant séparés à l'âge adulte, avaient formé un groupe WhatsApp sur lequel ils échangeaient.

La CIDE (Convention internationale des droits de l'enfant) a été ratifiée par cent quatre-vingt-treize pays.

Il est intéressant de noter que seul un pays ne l'a pas encore fait, après l'avoir toutefois signée : les États-Unis.

À l'heure où Greta Thunberg nous interpelle sur notre inconséquence et notre inaction, ces lignes prennent un relief saisissant. On peut retrouver tous les détails de cette aventure dans un livre collectif que François Mitterrand en personne a préfacé : *Si tous les enfants du monde*.

À l'issue de cette épopée, mon mandat de deux ans à la tête de MDM touche à sa fin. C'est le docteur Jacques Lebas qui me succède. Je suis bien sûr assez fier du travail accompli, mais j'en ressors complètement épuisé. Je ne sais pas comment font les grands leaders pour mener de front leur vie publique, professionnelle et personnelle sans craquer. Il y a certes l'*hubris* du pouvoir mais, pour y avoir goûté, je m'en méfie comme de la peste, c'est une drogue dure.

Et puis, les années passant, je dois l'avouer, je commence à me poser des questions : j'ai de plus en plus la certitude que notre action humanitaire, courir d'incendie en incendie, de catastrophe en catastrophe, panser les plaies, revenir souffler à la maison puis repartir à nouveau, revient à écoper l'océan à la petite cuillère. Ces allers-retours nous éloignent de nos enfants. Certes, on l'a vu, l'action de Michel Foucault à Tarnier m'avait éclairci les idées sur les valeurs que je souhaitais défendre, mais c'est une chose d'avoir une certitude intellectuelle, c'en est une autre que de vivre dans sa chair et dans ses nerfs les heures de découragement devant le cynisme à grande échelle ou la folie acceptée.

XIV

L'ÉCHEC DE L'EUROPE EN EX-YOUGOSLAVIE

Ce sentiment de découragement qui m'étreint tout à coup n'est en vérité pas un hasard. Deux grandes crises vont en être la principale cause, mettant mon enthousiasme à l'épreuve.

La première est celle de la guerre en ex-Yougoslavie. En novembre 1991, en pleine boucherie de Vukovar (rappelons que plus de 460 personnes raflées dans l'hôpital de cette ville croate pendant le siège seront exécutées par l'armée serbe), arrivé depuis Zagreb via la Slovénie, je suis envoyé à Osijek, autre ville croate à environ deux cents kilomètres au sud de Belgrade. Quelques jours à peine après un cessez-le-feu décrété par le Conseil de sécurité de l'ONU, l'armée serbe entreprend de reconquérir tout l'est de la Croatie. Les civils sont attaqués au lance-roquettes, je me retrouve coincé dans l'hôpital avec Bernard Jacquemart, notre coordinateur sur place, et comme des obus atterrissent sur le seuil il faut déménager les salles d'opération au sous-sol, car les hôpitaux sont bel et bien visés délibérément. Il faut dire qu'il y a quelque chose de terrifiant dans les bombardements serbes. Ils sont d'une précision mathématique. Rien à voir avec ceux du Biafra, où les obus étaient expédiés au petit bonheur la chance. Ici, on fait dans la rigueur. Quand on vise un hôpital, on bombarde l'hôpital, en plein dans le mille. L'armée serbe est très professionnelle, mettant un savoir-faire moderne au service de haines ancestrales. Je suis terrifié par la violence et la profondeur recuite des détestations ethniques qui ressurgissent et débordent jusque dans les propos des médecins sur place, tant serbes que croates, pourtant admirables dans l'exercice de leur métier de pédiatres, mais qui me laissent pantois en m'expliquant que tout dialogue avec « l'ennemi » est désormais inutile. À les écouter, seule l'interruption des contacts avec « les gens d'en face » pourrait permettre d'arrêter le massacre… Victime de cette guerre fratricide, le grand reporter au *Nouvel Observateur* Pierre Blanchet sera tué en Croatie en sautant sur une mine. Il avait toujours été proche de MDM et suivait toutes nos missions avec sa femme, Claire Brière.

L'Europe compte les coups, l'arme au pied. À Paris, *Le Figaro* me laisse une tribune, « Aidez-nous à nous séparer », où j'essaie de dénoncer cette inaction et d'appeler à une intervention armée de la communauté internationale. Une communauté qui d'ailleurs est peut-être moins frileuse que stupéfaite, ne comprenant encore pas bien ce qui se déroule sous ses yeux. Quoi, la Yougoslavie, ce paradis du stalinisme à visage humain, cet exemple éclatant d'un régime marxiste européen compatible avec les benoîtes démocraties bourgeoises, ce laboratoire de l'art et de la manière, cet animateur des non-alignés, qui, grâce à l'autogestion, a pu dépasser les fatalités historiques inhérentes aux Balkans depuis la disparition de l'occupation ottomane, cette vitrine de ce que pourrait être, une fois arrivé au pouvoir, un régime communiste intelligent, cette espèce de Cuba à domicile pour tous les militants de gauche de l'Europe occidentale, c'est donc cette Yougoslavie qui éclate sous nos yeux dès la disparition de Tito, son chef ?

J'ai beaucoup discuté de ces problèmes politiques avec mon ami Michel-Antoine Burnier, grand journaliste et écrivain qui m'aidait parfois à structurer mes idées.

Pour y comprendre quelque chose, il faut disposer de trois clefs. La première, c'est la main de fer que ledit maréchal Tito gardait appuyée (mais avec le sourire) sur le couvercle de la marmite. La deuxième, c'est la stricte ségrégation que le régime maintenait entre les différentes ethnies de la fédération, à la notable exception de Sarajevo, splendide exemple de métissage culturel. Les Serbes restaient entre Serbes, les Croates entre Croates et il en allait de même pour les Monténégrins et les Bosniaques. Mais comme le pays avait pris le temps de se moderniser, il y avait désormais des autoroutes reliant toutes ces enclaves. Et c'est ainsi qu'une fois la guerre déchaînée, on vit couramment les milices d'un village prendre la route, arriver tout droit à un autre village habité par l'adversaire honni, massacrer prestement puis rentrer chez soi par le chemin inverse, avec la satisfaction du devoir accompli. C'est en entrant dans l'un de ces villages juste après un bombardement serbe que j'ai eu l'occasion de mesurer ce qu'était devenu le reste de l'Europe entre-temps : le bombardement avait été efficace, les morts jonchaient les rues. Descendant de notre 4x4 en compagnie d'un colonel allemand travaillant pour l'Union européenne, jeune, intelligent, charmant, je me suis aperçu qu'il se sentait mal, de plus en plus mal. Renseignements pris, je sus qu'il n'avait jamais vu de morts. Ce qui ne va pas avec l'image traditionnelle qu'on peut se faire d'un colonel allemand ; mais quarante ans de construction européenne étaient passés par là.

Le troisième élément de compréhension, le plus important, c'est que nous assistions, sans en avoir bien conscience, au dernier acte, ou plutôt à la dernière scène du dernier acte de la Seconde Guerre mondiale. Les Croates, avec leur régime oustachi, avaient combattu côté nazi, pendant que les Serbes, magnifiques de bravoure et d'audace, s'étaient illustrés dans leur résistance folle aux occupants – il aurait fallu un règlement de comptes politique à l'échelle de la région pour combler ce fossé. Mais Tito avait en quelque sorte figé la situation dans l'état où elle était au dernier coup de canon, il avait arrêté l'histoire sur une portion du territoire européen. Presque quarante ans plus tard, les peuples reprenaient la « discussion » là où ils l'avaient laissée… Ils n'étaient pas les seuls et l'exemple venait d'en haut : François Mitterrand lui-même affichait un tropisme proserbe certain. Pendant que nous nous épuisions à essayer de réveiller l'opinion avec des gestes magnifiques comme le concert de Barbara Hendricks en plein siège à Dubrovnik, ou la tribune cosignée avec Jacky Mamou, président de Médecins du monde (« Milosevic = Hitler », je me rends compte aujourd'hui qu'on était à côté de la plaque). Mitterrand, convenablement avisé par Bernard Kouchner, effectuait une visite éclair à Sarajevo, faisant paniquer au passage les plus hauts responsables de la sécurité présidentielle (il fallait tout de même prévoir quelques avions de chasse pour la protection de son avion). Ce fut un geste politique majeur, purement symbolique peut-être, mais qui a eu le mérite de réveiller les décideurs, en particulier les Américains. Et c'est ainsi que Bill Clinton, en faisant bombarder quelques positions serbes (plus une ambassade chinoise pour faire bon poids), siffla la fin de partie.

Mais pour nous, sur le terrain, les grandes visions stratégiques importent peu. Mon ami très cher du temps du Biafra, l'anesthésiste serbe Vladan Radoman, fait alors paraître une tribune grinçante et nous rebaptise Médecins sans scrupule. Heureusement, nous nous sommes revus depuis… Sur place, nous sommes plutôt pris par le tragique de la situation. Pour ma part, j'entre deux fois dans Sarajevo assiégé, j'y rencontre, abrité dans un bunker où il déploie une activité d'une efficacité désespérée, Sergio Vieira de Melo, l'envoyé spécial des Nations unies, qui trouvera la mort plus tard à Bagdad. J'y emprunte comme tout le monde la fameuse Snipers Alley, où il faut courir très, très vite pour que les tireurs embusqués ne vous abattent pas. J'aide les cinéastes Alain Corneau et Nadine Trintignant à organiser un grand Noël pour les enfants de Zagreb. Je fais, comme on dit, la tournée des popotes pour rencontrer les équipes de Médecins du monde présentes sur place et leur remonter un peu le moral, et j'en profite pour rendre hommage à ces jeunes gens admirables de courage et d'efficacité. Un livre de MDM retrace cet enfer yougoslave. Claire Boulanger, Pascal Deloche, Bernard Jacquemart et Philippe Granjon ont recueilli le témoignage dramatique de cent vingt victimes à travers toutes les communautés, leur rendant justice et dignité. Je retourne à Paris rendre des comptes. J'ai tout de même l'impression que nous faisons du surplace et je commence à soupçonner la part d'inefficacité politique de l'action humanitaire.

Car en France même, la guerre de Bosnie a un prolongement inattendu : le professeur Léon Schwartzenberg, aidé par Bernard-Henri Lévy, décide de présenter aux élections européennes une liste « L'Europe commence à Sarajevo ». Nous nous y engouffrons avec quelques amis, le retentissement est considérable, au point que nous atteignons le seuil critique de dix pour cent d'intentions de vote. Les politiciens professionnels commencent à nous regarder d'un œil soucieux. Mais nous sommes quelques-uns à considérer que notre but n'était pas électoral mais politique et qu'il est atteint. À la grande fureur de Léon Schwarzenberg, nous nous retirons de la liste : nous ne serons pas députés européens.

À l'époque, nous souhaitions surtout que chaque député européen ait dorénavant la Bosnie en tête. La suite est connue : La levée du siège de Sarajevo le 29 février 1996, après les bombardements des forces serbes et les accords de Dayton, permet à la population musulmane de la capitale de respirer. Mais surtout la mobilisation internationale en faveur des Bosniaques va s'avérer un frein marquant à la propagation d'un islamisme radical dans cette zone géographique.

XV

UN GÉNOCIDE AU RWANDA

Le deuxième moment de vacillement de mes convictions a lieu en 1994, alors que sonne le début du plus grand cauchemar de ce XXe siècle finissant, le génocide rwandais. Deux millions de morts en trois mois, jusqu'à ce que les troupes du Front patriotique rwandais, le FPR de Paul Kagamé, se décident à entrer dans Kigali en juillet. Jusque-là, tout le monde a été spectateur, l'ONU en tête, au point que son secrétaire général, Kofi Annan, ira plus tard jusqu'à faire son *mea culpa*. Sur place, à Kigali, il n'y a qu'une poignée de journalistes et deux ONG, le CICR et MSF. Le cinéaste et journaliste Jean-Christophe Klotz, malgré de terribles blessures, réussit à réaliser un film de témoignage et d'alerte[1].

Multipliant les allers-retours, Bernard Kouchner et Michel Bonnot s'époumonent et tirent toutes les sonnettes d'alarme possibles au plus haut niveau. On sait désormais à quel point le gouvernement français a joué

1. Klotz, Jean-Christophe, *Kigali, des images contre un massacre*, 2006.

les apprentis sorciers dans le drame rwandais, mais enfin, le 22 juin 1994, l'opération Turquoise est lancée, avec l'aval de l'ONU, dans le but de créer un couloir humanitaire. Un million de Rwandais fuient au Zaïre. On reprochera à l'opération de ne pas avoir empêché certains massacres et d'avoir permis à de nombreux génocidaires Hutus de s'échapper.

C'est donc au Zaïre que je me rends, à Goma, avec Brigitte Maitre, qui avait dirigé une équipe de MDM dans les faubourgs de Kigali, et une équipe de Médecins du monde, à bord d'un petit Beechcraft de six places emmené par un pilote sud-africain qui a décollé de Nairobi, au Kenya. Goma est une coquette petite ville adossée à la rive du lac Kivu, à la frontière entre l'immense Zaïre et le minuscule Rwanda. Le spectacle que je découvre me coupe le souffle. Sur la route de l'aéroport, des deux côtés, des cadavres empilés à n'en plus finir. La région étant volcanique, les réfugiés ont été regroupés sur un immense champ de lave noire, dure comme du verre, dans laquelle il est impossible de creuser, donc d'enterrer. Un million de personnes sont massées là, Tutsis comme Hutus, ces derniers étant, pour la plupart, des génocidaires cachés dans les camps. C'est dans ces conditions que le choléra se déclenche. Alors que toutes les organisations internationales sont sur place, CICR et OMS en tête, on met un temps incompréhensible avant d'isoler la souche du vibrion. L'épidémie fera cent mille morts dont environ soixante-dix pour cent d'enfants. Les Américains, qui ont pourtant des troupes stationnées tout près et tous les moyens nécessaires, ne bougent pas, tétanisés par leurs récentes mésaventures en Somalie, où ils ont été humiliés publiquement et ont perdu quelques *boys*, ce que l'électeur américain ne supporte plus depuis le Vietnam. Les militaires français de l'opération Turquoise creusent des tranchées où ils inhument les morts comme ils peuvent, parfois au bulldozer. Mais la grande majorité des corps, d'abord brûlés, sont ensuite tout simplement jetés dans le lac Kivu sous la surveillance des miliciens hutus génocidaires. Installés sous une tente, pataugeant en permanence dans une boue cholérique, infestée, nous intervenons sans relâche, soignant surtout des bébés.

Alors qu'aucune ONG sauf MSF et le CICR n'était présente pendant le génocide même, plus de cinquante d'entre elles déploient leurs équipes pendant cette épidémie et la presse réapparaît !

On a beaucoup comparé le génocide rwandais à celui perpétré par les nazis à l'encontre du peuple juif. Il me semble pourtant qu'il y a une différence majeure. Cette différence, c'est la vitesse. Je m'explique : la persécution des Juifs a commencé à bas bruit dès 1933, à la prise du pouvoir par Hitler. Elle a atteint sa dimension folle, systématique et quasi industrielle à partir de la conférence de Wannsee, en 1942, et ne s'est achevée qu'au jour de la capitulation allemande, en 1945. Ce qui fait une dizaine d'années de planification, d'organisation, de préparation méthodique pour aboutir aux années finales des camps, en y embarquant au passage, dans un délire racialo-eugénisto-hygiéniste, Tziganes, homosexuels, malades mentaux, communistes et, pour faire bon poids, Slaves. Tout cela dans la plus grande connivence, mais aussi dans le plus grand secret. Alors qu'au Rwanda tout s'est passé au grand jour. Radio Mille Collines donne le signal et tout le monde s'en va au massacre comme on va travailler aux champs, on part le matin, on tue en chantant, on revient le soir et on va boire des bières pour se délasser du labeur de la journée. Au vu et au su de tout le monde, des pays voisins, de la communauté internationale et sans le souci de se dissimuler, comme s'il s'agissait d'une tâche parfaitement normale accomplie sur un simple signal lancé par les autorités. Il y a là plus qu'une interrogation, il y a un gouffre et ce gouffre me donne le vertige.

Trop, c'est trop. Ai-je effectué à Goma « la mission de trop » ? Peut-être. Peut-être aussi y a-t-il eu un effet d'accumulation, les horreurs en abyme, Biafra, Sabra et Chatila, la Yougoslavie, et maintenant Goma… L'esprit de résistance qui m'inspirait depuis l'enfance, avec les héros presque abstraits pour moi du lycée Buffon, trébuche sur une dimension quasi inhumaine. Pendant des années, je suis parti la fleur au fusil dès qu'on me signalait une fraction d'humanité en péril, en me disant à chaque fois que la cause de l'humanitaire y gagnerait en notoriété et que le droit finirait bien par triompher. Et puis non. De retour en France, je m'interroge sur la vision de l'histoire que nous a laissée la chute du communisme. Car elle avait bel et bien eu un sens jusque-là, cette histoire, même que Fukuyama nous en avait annoncé la fin, puisque les murailles de la citadelle des forces du mal s'étaient enfin effondrées, pratiquement toutes seules, sans même une pichenette.

Et brusquement nous découvrons que les deux blocs avaient eu au moins le mérite indirect de contenir entre leurs pinces imbéciles les multiples rancunes nationales, régionales, religieuses, tribales qui, à notre grande surprise, se manifestent à nouveau un peu partout. Un mur s'abat et ce n'est pas la liberté qui se répand sur le monde, c'est la somme de toutes les frustrations et répressions qui s'écoule et vient aujourd'hui jusqu'à lécher nos côtes, en Méditerranée.

Je suis sans doute, à cette période, assez seul à remâcher de telles pensées. Pour me mettre un peu au clair j'écris, mais en vain, une lettre à Bernard Grangeon, le président de MDM à l'époque.

Je ne suis retourné dans la région qu'assez récemment, au Rwanda même, pour le compte de l'association d'Albina du Boisrouvray, FXB (les initiales de son fils tué en pilotant un hélicoptère dans le Paris-Dakar). De tous les témoins agissants que j'ai pu croiser en cinquante ans d'action humanitaire, Albina est l'un des plus flamboyants, des plus touchants, des plus entraînants. Richissime héritière d'un roi de l'étain bolivien, épouse d'un authentique aristocrate français, touche-à-tout de toutes les luttes, soixante-huitarde échevelée, écologiste avant l'heure, productrice de cinéma remarquable, mère inconsolable d'un fils adoré, elle semble avoir plusieurs vies simultanées dans divers milieux, mais qui toutes se recoupent dans l'action au service des plus pauvres, des malades, des abandonnés : de l'élan salvateur donné aux microéconomies des Rwandaises jusqu'aux bases des soins palliatifs respectueux en Suisse… Sa vie, depuis trente ans, est entièrement dévouée à l'association FXB, où elle a développé un modèle pour lutter contre la pauvreté dans le monde entier. C'est au Rwanda que les résultats sont le plus spectaculaires. Au début, une famille accepte de prendre en charge des enfants orphelins du sida. Puis elle met au point un des systèmes les plus innovants de la lutte contre l'extrême pauvreté. En offrant une aide ponctuelle pendant trois ans, son association les aide à sortir de la misère (avec une prise en charge pour le logement, l'école, la santé et la nourriture), mais surtout à trouver une activité génératrice de revenus qui leur permet de devenir autonomes.

Quoi qu'il en soit, le Rwanda a bel et bien signé une défaite majeure de l'humanitaire classique, celui qui nous laissait croire qu'on pouvait à la fois intervenir et faire avancer le droit international en matière d'accès aux soins. Une fois de plus, comme déjà en ex-Yougoslavie, les militaires de l'ONU présents sur place ont eu les mains liées et les pouvoirs politiques se sont comportés en monstres froids (encore qu'un pouvoir politique ne soit pas une entité en soi, c'est l'expression d'une volonté humaine et donc susceptible, au moins sur le papier, de s'améliorer…). Présent sur place à plusieurs reprises, Bernard Kouchner était pendu au téléphone avec l'Élysée et les Affaires étrangères, et ne rencontrait au bout du fil qu'une aimable et distraite surdité. François Mitterrand avait un tropisme pro-Hutu, c'est certain, comme il avait eu un tropisme pro-Serbe en Yougoslavie, et pensait probablement qu'il s'agissait d'un de ces « soubresauts tribaux » dont l'Afrique est coutumière. Au Rwanda, les pouvoirs ont joué aux apprentis sorciers. Et ceux qui ont été directement aux manettes pendant cette tragédie se répartissent désormais en deux camps : les cyniques assumés, au nom du réalisme, et ceux qui sont, ne serait-ce qu'intimement, écrasés par la honte.

Ces souvenirs font tristement écho à la pandémie de Covid-19 avec laquelle nous sommes aux prises à l'heure où j'écris. Cette dernière a déjà fait plus de cinq millions de morts, on approche de l'ordre des plus grands massacres. D'un bout à l'autre de la chaîne internationale, d'un bout à l'autre de la chaîne politique, d'un bout à l'autre de la chaîne de la santé publique, ceux qui savaient, ou à tout le moins avaient les moyens de savoir, n'ont pas su ou pas voulu savoir, peut-être en se disant que « tout ça finirait par s'arranger ». Pour le dire plus brutalement, ils n'ont pas fait leur travail. Phénomène classique en cas de dilution des responsabilités, je veux bien, mais enfin, l'adage « il vaut mieux prévenir que guérir » garde comme un fond de vérité. Lorsque Roselyne Bachelot, alors ministre de la Santé, avait surréagi en commandant quatre-vingt-quinze millions de doses de vaccin contre la grippe H1N1, l'opinion publique l'avait terrassée avec l'arme la plus cruelle qui soit : la dérision. Aujourd'hui qu'on voit que c'est elle qui avait raison, on parle vite d'autre chose.

Par ailleurs, Bill Gates, la CIA, Jacques Attali et de nombreux scientifiques ne s'étaient pas privés d'évoquer un scénario-catastrophe qui est devenu réalité sous nos yeux, il leur avait suffi d'étudier le développement des autres épidémies virales apparues ces dernières années. Forts de ces avertissements, il était du devoir des gouvernants des principales puissances de mettre en place un plan de prévention, sans parler d'un plan de crise. Heureusement, les campagnes de vaccination ont atteint leur objectif dans de nombreux pays, négligeant au passage leur devoir de prévision et d'efficacité à l'égard des pays en développement.

XVI

LE KURDISTAN OU LES LIMITES DE L'HUMANITAIRE

Je n'ai pas eu souvent l'occasion d'intervenir au Kurdistan, mais je garde d'une mission là-bas un souvenir doux-amer, qui illustre bien mon ressenti de l'époque, la lassitude qui m'étreint petit à petit. J'y rencontre des personnes formidables, à commencer par le docteur Ghassemlou, dont j'ai déjà évoqué l'intelligence qui n'avait d'égale que la noblesse et le courage. D'ailleurs, le destin de Ghassemlou, assassiné par le régime de Téhéran après avoir, comme tant d'autres, dû composer avec la révolution de Khomeini, ressemble beaucoup à celui de son peuple : en équilibre précaire sur cinq pays instables, coincé entre la Turquie, l'Iran, l'Irak, la Syrie et la Russie, sans débouché sur la mer, étroitement surveillé en Iran, à couteaux tirés avec le régime d'Erdogan, en Turquie ; utilisé puis lâché par les Américains en Syrie, en proie en Irak aux luttes internes des deux principaux clans féodaux des Barzani et des Talabani, le peuple kurde n'en est pas moins celui aux idées les plus « larges » de la région, avec une relative égalité des femmes et des hommes, par exemple.

Je me suis rendu au Kurdistan au cours de la première guerre du Golfe, car MDM avait installé une mission en Jordanie dans le but d'entrer en Irak dès que la frontière serait ouverte. Dès l'arrêt des bombardements américains, nous avons pu ainsi parcourir une grande partie du pays, installer des missions et même explorer la possibilité de programmes à Bassorah et à Mossoul en février 1991.

Détail pittoresque, les portraits géants de Saddam Hussein qui étaient encore accrochés dans la région étaient tous criblés de balles, troués comme des passoires. La population s'était défoulée. Et comme le dictateur irakien s'était distingué auparavant, en 1988, en gazant cinq mille personnes à Halhabja, en majorité des civils, la communauté internationale avait fini par bricoler une zone de sécurité autour d'Erbil. Voyant cela, Saddam Hussein en avait profité pour aller massacrer au sud du pays quelque huit cent mille civils qui avaient le tort d'être chiites.

En 2008, quelques années plus tard, j'ai été envoyé par Bernard Kouchner à Erbil pour évaluer les besoins sanitaires du Kurdistan autonome, où Frédéric Tissot, notre consul, représentait avec bravoure la France à lui tout seul, bien que cloué sur son fauteuil roulant, après un tragique accident qui l'avait laissé paraplégique lors d'une mission à Haïti.

Ma mission était classique, produire un « *master plan* de santé publique pour le Kurdistan d'Irak », mais elle m'a réservé quand même une surprise plutôt désagréable : en rentrant en France, je suis convoqué par le directeur de cabinet de Bernard Kouchner, ministre des Affaires étrangères, qui me met sous le nez un article de *Bakchich Info*, un journal semi-parodique de l'époque, qui disait en substance qu'au Kurdistan les amis du ministre Kouchner s'en mettaient plein les poches. J'ai écrit un droit de réponse pour faire remarquer que, dans l'ordre de mission, il était précisé que je n'étais pas rémunéré… Ils se sont excusés, mais que c'est désagréable, quand on ne s'y attend pas, de recevoir ce genre de douche sur la tête, surtout quand elle ne vous est pas destinée.

Tout le monde sait la tragédie qui se joue en ce moment sous nos yeux : au Kurdistan syrien les familles de djihadistes vivent depuis bientôt cinq ans dans des camps. Deux cents enfants français y sont prisonniers avec leurs mères, certains sont nés dans ces camps ; tous ou presque y sont entrés lorsqu'ils avaient moins de six ans. Ces enfants vivent sous des tentes de fortune, entourés de barbelés et de gardes armés, dans le froid et la boue. Ils ne sont ni scolarisés ni soignés, et ne bénéficient d'aucune prise en charge psychologique. La France les fait venir au cas par cas. Il est urgent de les rapatrier, les mères doivent être jugées en France, les enfants accueillis dans leur famille ou par les services de l'État. Ils doivent revenir avant qu'il ne soit trop tard. La Convention internationale des droits de l'enfant l'exige. Je sais bien que nous sommes en période électorale mais je ressens une fois encore l'urgence d'agir.

On peut dire que les ONG ont pris leur part de l'échec dans ces grandes tragédies mondiales, et c'est peut-être pour nous l'occasion de revisiter la notion d'organisation non gouvernementale, d'en voir les faiblesses, les manques, mais aussi les possibilités d'adaptation à ce qui vient.

Les racines ne sont pas nouvelles : après tout, nous n'avons fait que prendre la place de l'Église, à qui le pouvoir royal avait sous-traité le social au sens large, sous le nom de charité, un peu comme l'État égyptien à partir de Sadate l'avait sous-traité aux Frères musulmans, avant de les emprisonner et de les pendre quand ils se sont avisés de lui disputer le pouvoir réel. Et la tradition religieuse de charité agissante ne s'est pas perdue. Commencée chez nous avec saint Vincent de Paul, elle s'éparpille en un bouquet d'associations très actives, comme le Secours catholique ou Caritas, sans compter l'Ordre de Malte.

À cet égard, le paysage international réserve quelques surprises. D'après un tableau établi par le site spécialisé NGO Advisor en 2016, les dix ONG les plus influentes dans le monde ne sont pas forcément celles qu'on croit (en plaçant le CICR hors concours, bien entendu). En tête, nous trouvons BRAC, une ONG d'origine bangladeshie, créée en 1972, avec un effectif de cent dix-huit mille personnes et un budget de 631 millions d'euros. Il s'agit d'une organisation née de la vogue du microcrédit et qui intervient non seulement dans la santé, mais aussi dans l'éducation, l'agriculture, et pas seulement en Asie. Puis arrive Médecins sans frontières, avec trente mille employés et un budget record toutes catégories de 1,45 milliard d'euros (très proche de celui du CICR), un budget presque exclusivement d'origine privée. Oxfam, britannique, avec dix mille employés et 1,07 milliard d'euros, intervient surtout dans la lutte contre la pauvreté et est l'expression principale de la solidarité internationale à l'anglaise. Handicap International, avec ses trois mille deux cents employés et son budget de 150 millions d'euros est un cas à part, à l'origine spécialisé dans l'accompagnement des blessés de guerre, que ce soit lors des combats ou à cause des mines antipersonnel, ils sont allés jusqu'à faire voter à l'ONU l'interdiction des mines en question. On voit aussi dans le classement le Danish Refugee Council, qui se spécialise à l'origine dans l'accueil des réfugiés hongrois après la répression soviétique à Budapest en 1956. Enfin, plusieurs ONG basées aux États-Unis, comme Ashoka, Acumen ou Mercy Corps, ont un profil très particulier : peu d'employés, beaucoup de moyens et une activité visant à faciliter ou développer la création de petites entreprises innovantes ou à vocation solidaire, selon le principe « Aide-toi le ciel t'aidera » cher aux Américains... Une autre ONG américaine, Cure Violence, a un mot d'ordre singulier, se proposant de considérer la violence comme une maladie en soi et de la traiter comme telle.

On le voit, nous sommes en présence de structures pour la plupart occidentales, venant d'Europe ou des États-Unis. Ni la Chine, ni la Russie, ni l'Afrique, ni le Moyen-Orient, ni l'Amérique du Sud ne figurent dans ce paysage, ce qui ne veut pas dire que de « petites » ONG, comme l'exemplaire AMEL de Kamel Mohanna, au Liban, ne font pas à bas bruit un travail admirable.

Alors que faire ? L'argent ne manque pas, les structures sont là, les bonnes volontés aussi, il importe donc principalement de repenser d'urgence la finalité des ONG, ce qui rejaillira forcément sur leur efficacité. Au passage, on peut s'arrêter un instant sur la douloureuse question du financement. La plupart des ONG européennes dépendent dans une large mesure de budgets bruxellois ou étatiques, puisqu'elles font un travail dont les États ont besoin mais qu'ils ne peuvent ou ne veulent pas faire directement. La seule qui soit financée uniquement par des dons, et en même temps la plus riche, c'est Médecins sans frontières ! D'où son indépendance. L'efficacité ultime serait d'inventer une nouvelle manière de politiser profondément les actions, en forçant la main aux pouvoirs politiques chaque fois que c'est possible.

De ce côté-là, la mécanique est connue et bien rodée, et je l'ai éprouvée personnellement en plusieurs occasions assez éloignées dans le temps. Mon enthousiasme était conforté par le fait qu'à partir des années 1985 Médecins du monde, en France, était devenu spécialiste de l'exclusion, et en particulier de la définition et de l'application d'une politique visant à réduire les risques chez les toxicomanes, surtout ceux liés à l'apparition du sida. Ce qui me conforte dans cet enthousiasme, ce sont d'ailleurs les prolongements internationaux de cette politique. On va encore me dire que nous prenons le tiers-monde à la fois comme débouché de formation pour nos jeunes médecins et comme terrain d'expérimentation pour l'Europe. C'est faux, car il y a échange de bons procédés. Cette politique de réduction des risques pratiquée en France, nous l'avons ensuite appliquée au Vietnam, dont le gouvernement, parfois un peu rigide, avait fini par reconnaître qu'il y avait un véritable problème. Il faut dire que c'est au Vietnam qu'on trouve de nos jours la meilleure héroïne et que la tradition de l'opium, sévèrement réprimée par les pouvoirs publics, y est bien mieux acceptée dans le corps social. Il y avait donc un gros trafic, qui menait tout droit en prison ceux qui se faisaient prendre, où, à plusieurs par cellule, ils étaient contaminés par le sida – la chaîne infernale fonctionnait à plein. Nous avons réussi, et je m'y suis impliqué personnellement en me rendant dans la cuvette de Diên Biên Phu au contact des minorités ethniques, à faire fonctionner sur place le projet de substitution par la méthadone qu'avait mis en place à Biarritz et Bayonne le psychiatre Jean-Pierre Daulouède. Désormais, les Vietnamiens n'ont plus besoin de nous pour mener à bien leurs programmes et nous avons nous-mêmes rapporté quelques enseignements de nos interventions sur place.

On peut en dire autant de la Chaîne de l'Espoir, créée par Alain Deloche et Éric Cheysson, qui, dans un premier temps, accueillit en France de très jeunes enfants souffrant de maladies cardio-vasculaires graves, les opéra et les renvoya dans leur pays après guérison, et qui maintenant au Vietnam, là encore grâce à l'action locale du professeur Carpentier, n'envoie plus les enfants en France mais les opère sur place, ce qui a débouché sur la création d'un institut où la qualité des soins n'a rien à envier aux structures les plus prestigieuses. La formule a été étendue à l'Afghanistan, à Kaboul, et au Sénégal, à Dakar. C'est une forme de mondialisation généreuse et inventive, loin des mondialisations destructrices et nivelantes. Les pays du Sud, comme on appelle un peu trop rapidement les pays les moins prospères, savent parfaitement utiliser à leur bénéfice les techniques mises au point dans ce qu'on appelle tout aussi improprement l'Occident. L'hôpital de la Mère et l'Enfant à Kaboul se retrouve aujourd'hui dans une situation très inquiétante en raison de l'arrivée des talibans au pouvoir. Espérons qu'ils ne détruiront pas le travail de plus de quinze ans de la Chaîne de l'Espoir.

D'ailleurs, peut-être la mise en question des ONG que j'appelle de mes vœux passera-t-elle par la mondialisation, par un resserrement des liens entre toutes les organisations afin que lorsque l'une intervient quelque part toutes les autres la soutiennent.

Bien sûr, tout cela prend du temps et ne se fait pas à l'échelle d'une génération, ni même à l'échelle d'une vie. Mais il est aussi des avancées foudroyantes lorsque l'initiative rencontre mystérieusement l'adhésion de l'opinion. Les jeunes ONG libanaises, que j'ai déjà mentionnées et en lesquelles je place tous mes espoirs, en sont un exemple qui me rassure.

Incidemment, je reste persuadé que les ONG devront non seulement travailler avec l'État, comme elles le font déjà, mais aussi en cas de besoin avec les militaires – et j'ai conscience que ce point de vue peut être sujet à controverse. Je me souviens pourtant qu'au tout premier cours de mon DU à la fac de Saint-Denis j'avais fait venir, en plus de chercheurs de Sciences-Po, de juristes, de dirigeants de l'Institut Mérieux, d'André Glucksmann, une superbe brochette de responsables militaires parmi les plus haut gradés, en particulier le général Thomann. Ce saint-cyrien, parachutiste, ancien commandant du 6ᵉ RPIMA, est une figure un peu particulière au sein de la haute hiérarchie militaire. On le retrouve dans presque toutes les opérations militaro-humanitaires menée par la France, du Tchad au Rwanda en passant par le Kurdistan, participant aux accords de Dayton qui ont mené à la fin du conflit yougoslave en 1995-1996, adjoint du général commandant la Kfor au Kosovo en 1999-2000, commandant de la force d'intervention terrestre de 2003-2005. Il a pour un général de corps d'armée une connaissance exceptionnelle des problèmes d'action humanitaire, née d'une longue pratique sur le terrain. Il enseigne à présent à Sciences-Po et participe à notre DU Droit et stratégies de l'action humanitaire à l'université Paris-8. Ses allures de parachutiste dur à cuire n'arrivent pas à masquer son sens de l'amitié et sa fidélité à toute épreuve. Son enseignement s'est révélé d'une richesse sans prix pour nos étudiants.

Nous étions tous bien conscients de nos différences mais très désireux de nous aider chaque fois que nous le pourrions. Car enfin, les militaires sont supérieurement équipés et organisés, ils ont les moyens, et les poussières de l'empire que sont les possessions insulaires françaises sur toutes les mers du globe offrent des possibilités logistiques presque illimitées.

En 2005, le terrible tsunami qui avait balayé tant de zones côtières en Thaïlande, en Indonésie, en Malaisie et jusqu'au Bengale indien, avait provoqué la réaction presque immédiate de toutes les ONG en mesure d'intervenir. J'y avais quelque peu participé dans un deuxième temps, autour d'un programme permettant aux pêcheurs de reconstruire leurs bateaux détruits et donc de reprendre leur activité avec l'association FXB. Mais sur le moment la confusion était extrême, tout le monde voulait aider, les ONG de tous les pays se marchaient sur les pieds et aucune organisation, quelle que fût sa bonne volonté, n'avait les moyens logistiques à la hauteur du drame. Or la France dispose d'une base aéronavale à Djibouti (et elle n'est pas la seule, les Chinois viennent aussi de s'y installer). Il était tentant, et à mon avis il aurait dû être évident, de faire appel à ces moyens militaires pour venir en aide à tant de civils désemparés. D'ailleurs, un porte-hélicoptères de la Royal Navy se positionna rapidement au large des côtes indonésiennes et remplit cette tâche avec efficacité. Une piste pour l'avenir pourrait ressembler à ce qu'avait essayé de mettre sur pied en son temps la ministre Nicole Guedj : sous l'égide des Nations unies, comme il y a déjà des casques bleus, il pourrait y avoir un corps de casques rouges, agissant comme une *taskforce* humanitaire internationale prête à intervenir n'importe où sur le globe à tout moment.

Et l'actualité du drame sans fin que vit Haïti ne fait que me conforter dans cette idée. Car la France ne manque pas de bases aéronavales, les Américains encore moins. Des avions militaires chiliens et colombiens ont apporté leur aide récemment. Le type d'aide que peuvent apporter les militaires, c'est-à-dire une intervention d'urgence de grande ampleur et programmée, est tout indiqué. Lors d'un séisme majeur, il est trop tard pour sauver les morts mais chaque heure compte pour éviter que les blessés ne meurent à leur tour. Et si les ONG sont capables de monter dans l'urgence un hôpital de campagne, elles ne peuvent pas s'offrir à chaque catastrophe le luxe d'une structure d'aide au long cours.

Il me paraît donc évident que dans certaines situations hors de contrôle où nous sommes, nous, ONG, proprement dépassées par l'ampleur de la catastrophe, il ne faut pas hésiter à nous associer aux militaires ou à réclamer leur aide. Cette position m'a parfois valu des insultes et j'accepte que l'idée puisse faire grincer des dents : les militaires sont là pour faire la guerre, on peut considérer que les ONG ne doivent sous aucun prétexte pactiser avec ceux qui font la guerre, quel que soit leur camp. C'est la position du pacifisme absolu, et même si on a souvent eu l'occasion de vérifier ses limites, c'est une position honorable. Mais je persiste.

Il n'y a pas si longtemps, en Somalie, des ONG protégées par l'armée française l'étaient aussi parfois par d'authentiques seigneurs de la guerre locaux qui se faisaient un plaisir de faire accompagner les convois par leurs 4×4 dissuasifs... Nous touchons là aux limites, lesquelles, soit dit en passant, ont tendance à devenir la norme : nous l'avons vu, beaucoup de pays sont à présent vraiment trop dangereux et les ONG s'en retirent les unes après les autres, dans la crainte des enlèvements ou des décapitations. La solution provisoire est de sous-traiter le travail humanitaire à des ONG locales, non pas pour que leurs membres soient décapités plutôt que les nôtres, mais parce qu'ils sont quand même moins visibles dans le paysage, donc moins exposés, et surtout moins monnayables : la rançon d'un médecin ou d'une infirmière étrangers est une affaire rentable, sans compter le bénéfice du tapage médiatique qui l'entoure... J'ajoute que les ONG « médicales » ne sont pas les seules visées et qu'on perçoit un raidissement général des dictatures et gouvernements autoritaires envers toute organisation tant soit peu vigilante sur la question des droits de l'homme, comme Amnesty International ou Human Rights Watch. La Chine, la Russie, pour ne citer que ces deux exemples, s'en prennent systématiquement aux organisations qui les dérangent, dénoncées comme puissances étrangères maléfiques ou comme agents de l'étranger s'il s'agit d'ONG nationales. Car l'étranger, même fantasmé, est toujours l'ennemi montré du doigt, une ritournelle obscène qu'on voit s'illustrer par les temps qui courent dans les manifestations antivax, où les responsables tout trouvés de la pandémie sont bien entendu les Juifs. C'est un réflexe digne du cerveau reptilien prospérant au Moyen Âge, qui a connu une seconde jeunesse au moment de l'affaire Dreyfus et contre lequel on espérait que la folie du IIIe Reich nous aurait définitivement… vaccinés.

Encore et toujours, la recette pour faire évoluer les mœurs et les pratiques est celle mise au point par le MLAC (Mouvement pour la liberté de l'avortement et de la contraception) dès les années 1970 : identification des victimes, grâce à un cas exemplaire, d'une injustice systémique, publicité intense donnée au problème grâce à un procès afin d'ameuter l'opinion publique, pressions diverses exercées sur le pouvoir pour qu'il agisse. Poussé par l'opinion, le pouvoir accouchera d'une loi qui fera avancer la question… On s'empare d'une pratique illégale et grâce à un battage convenable, on légalise cette pratique. Bien sûr, lorsque la ministre en charge est Simone Veil et que l'objectif est le droit des femmes, les conditions idéales sont réunies.

XVII

NUIT SANGLANTE À LA RÉPUBLIQUE

J'en étais là de mes réflexions et estimais avoir fait plus ou moins mon devoir sur divers fronts, de l'Afrique de l'Ouest du temps du gaullisme au cataclysme des Grands Lacs sous Mitterrand, en passant par la grande exclusion en France, et j'attendais qu'une nouvelle génération invente enfin la formule qui nous permettrait d'aller au-delà de ce que nous avions pu accomplir sans avoir l'impression de tourner en rond.

Ce jour-là, le 13 novembre 2015, je rentrais chez moi, triste des obsèques de mon ami André Glucksmann. Il était mort dans le désespoir de se voir décliner physiquement et de lire ce déclin dans les yeux de ses amis, de sa famille. Il venait de publier *Voltaire contre-attaque*, qu'il m'avait dédicacé de quelques mots : « Santé du corps, santé de l'âme, toute mon amitié. » Ce livre était une déclaration de guerre adressée à l'infâme, à la barbarie religieuse, à l'absolutisme politique, au sectarisme, à la torture, de la part d'un « intello droit-de-l'hommiste », selon l'image que les médias donnaient de lui. Je prenais conscience qu'il avait toujours été là, aussi loin que remontaient mes souvenirs d'action humanitaire, sur quarante ans, présent au moment de la crise MSF-MDM, présent au Liban, présent avec les boat people, présent à Tarnier avec Michel Foucault, présent dans la lutte contre le sida.

Il était, on le sait peu, un organisateur hors pair, c'est à lui et à sa femme, Fanfan, aux côtés de Bernard Kouchner, qu'on doit la réussite de l'opération Un bateau pour le Vietnam ; c'est lui encore qui a rendu possible la réconciliation Aron-Sartre sur le thème du dépassement des notions de droite et de gauche lorsqu'il s'est agi de sauver des victimes ; c'est lui qui, au moment du tremblement de terre d'Erevan, a bétonné la notion de droit d'ingérence et qui m'a tendu, alors que je revenais déboussolé et dépassé par l'ampleur de la catastrophe, un papier sur lequel il avait griffonné une citation de René Char : « Il faut s'établir à l'extérieur de soi, au bord des larmes, dans l'orbite des famines si nous voulons que quelque chose hors du commun se produise, qui n'était que pour nous… »

Ses obsèques, comme toutes les obsèques, sont douloureuses. Mais j'y retrouve un émouvant mélange de membres de la famille, d'amis, d'humanitaires. En particulier Bernard Kouchner, Jacques Bérès et d'autres fondateurs du mouvement, des politiques aussi : Fleur Pellerin, Nicolas Sarkozy, Jack Lang, Daniel Cohn-Bendit sont là. Et, aussi, des philosophes, des résistants tchétchènes, des rescapés tutsis, des Iraniens moudjahidin du peuple, tous surgis de tel ou tel épisode du passé récent. Le crématorium du Père-Lachaise a rarement vu un mélange aussi bigarré. Et puis nous sommes allés chez lui rire, car on se débrouille toujours pour rire après des obsèques, avec son épouse, Fanfan, son fils, Raphaël et tant d'amis de toujours. J'enregistre dans un dernier regard l'image de son bureau débordant de livres, puis un ami me dépose en voiture à la République, à deux pas de chez moi. Il est 21 heures, je traverse la place lentement, Glucks ne veut pas quitter mon esprit, je m'engage dans la rue du Faubourg-du-Temple. Il est 21 h 32. Un fracas bien trop connu me déchire les oreilles. Une rafale de kalachnikov, interminable. Je demande à un vendeur de kebab ce qui se passe, mais il ne comprend même pas ma question. Je me mets à courir – quarante ans d'humanitaire finissent par affûter les réflexes. À la terrasse du café La Bonne Bière, j'aperçois des blessés et des morts. Je ne pense pas un instant à un acte de terrorisme, je pense à un règlement de comptes. Je me précipite vers les blessés, l'idée me traverse qu'il s'agit peut-être de mes enfants. Une voiture est arrêtée, criblée d'impacts. Juste derrière, allongée, une balle dans la cuisse, Fatou, une femme de vingt ans. Son ami, qui se tient à ses côtés, est blessé à l'épaule. Je m'accroupis et pose un garrot à la jeune femme, je les rassure comme je peux. Mon boulanger me donne des morceaux de tissu pour faire les garrots. Je tourne la tête et aperçois des passants en train de faire des massages cardiaques à des blessés qui ont été fauchés par les rafales. Un jeune homme me dit de ne pas me relever, les tireurs ne sont pas loin, ils risquent de revenir. Un des tueurs revient bel et bien pour mitrailler un restaurant voisin, le Casa Nostra. Mais son arme s'enraye et il disparaît. J'entre dans la salle de La Bonne Bière et j'entends une voix : « Patrick ! » C'est mon ami de toujours, l'anesthésiste Michel Bonnot, avec qui j'ai travaillé du Liban à l'Afghanistan… Lui aussi passait par hasard ; nous organisons à deux, comme nous pouvons, l'embryon d'un « hôpital de campagne » à l'intérieur même du café.

Et pendant une heure interminable, nous attendons les secours. Nous ne le savons pas encore, mais il y a des victimes partout dans le quartier et les pompiers sont pris de court. Dans le bar, nous comptons cinq morts et une vingtaine de blessés. Les pompiers arrivent enfin, sans matériel d'urgence. Faute de mieux, nous rajustons les garrots, apaisons les blessés, tous terriblement choqués. Nous mettons en position assise une femme qui a pris une balle dans le ventre. J'aurai un peu de mal, plus tard, à la faire admettre dans une ambulance avant d'autres blessés, moins graves mais plus impressionnants, allongés et couverts de sang. Une victime que nous avions crue morte bouge un peu, vite, bouche-à-bouche et massage thoracique, elle recommence à respirer normalement mais reste inconsciente. Sa tête est ensanglantée et je n'ai rien pour nettoyer ses plaies. D'autres pompiers arrivent enfin, tout aussi démunis de matériel adéquat que les premiers : pas de perfusions ni de ventilations. Une nouvelle heure passe.

Je regarde Michel Bonnot. Il est effondré, car bien qu'anesthésiste il n'a rien pu faire pour deux jeunes gens qui viennent de mourir dans ses bras. De nouveaux pompiers arrivent, toujours aussi démunis. J'aide comme je peux, les nappes des tables servent à confectionner des garrots, je surélève des jambes, j'aide des blessés à téléphoner à leur famille. Et je m'aperçois brusquement que nous marchons dans des mares de sang. Mes chaussures sont toutes rouges. Je suis assailli par la vision de souvenirs semblables, mais qui avaient eu lieu en zones de guerre, pas dans une salle de bistrot parisien. Il y avait autant de sang par terre dans les salles d'opération du Biafra ou dans les camps palestiniens.

La vue d'un pompier me ramène à la réalité du jour. Visiblement, les secours médicalisés n'arrivent toujours pas. On nous apprend qu'il y a eu d'autres attentats dans Paris, au Stade de France, au Bataclan. Vaille que vaille, je continue à rassurer les blessés : « Les secours vont bientôt arriver, ils vont vous emmener à l'hôpital, on vous donnera des calmants, vous n'aurez plus mal... » Puis je replonge dans mes souvenirs d'hôpitaux en Croatie, aux blessés qu'on y achevait jusque dans leurs lits. J'aperçois encore un homme qu'on avait cru mort et qui recommence à bouger. Il semble respirer. Nous l'allongeons, j'entame un massage cardiaque puis je passe directement au bouche-à-bouche. Par chance, on me tend un défibrillateur, car les secours commencent enfin à s'organiser. Son cœur repart, il faudrait l'évacuer mais il n'y a toujours aucun véhicule en vue.

Il est 22 h 30. Deux ambulances de pompiers arrivent enfin. Les blessés sont emmenés, tant bien que mal, je fais en sorte qu'on ne les charge pas trop brusquement dans les véhicules. Pendant ces deux heures d'angoisse, une forme de complicité s'est établie avec ces gens que je vois partir sur des brancards. Dans la salle, le silence s'établit puis, de l'étage, descendent les clients du restaurant qui s'y étaient réfugiés dès le début du massacre. La police les prend en charge et les évacue. J'en vois certains qui se couvrent les yeux au moment de traverser la salle ensanglantée.

Et je me retrouve dehors avec Michel Bonnot. Les pompiers sont épuisés, nous aussi. J'essaie de rentrer chez moi, j'habite à cinquante mètres, mais la police boucle le périmètre. Nous remontons donc la rue du Faubourg-du-Temple, passons devant le Palais des Glaces, où, ironie du sort, Sofia Aram donnait ce même soir un spectacle autour des religions, qui en prenaient pour leur grade. J'appelle mes enfants, qui sont sains et saufs et commençaient à s'inquiéter pour moi. Je fais le tour du quartier pour rejoindre enfin mon immeuble – me revient brusquement en tête une phrase de Glucksmann, dans son *Voltaire contre-attaque* : « Le silence et le laisser-faire tuent les lointains d'abord et les proches ensuite. Le siècle dernier nous l'enseigne. À force de regarder creuser la tombe des autres, on ouvre la sienne. »

J'ai du mal à trouver le sommeil, tourne et retourne dans ma tête l'histoire de mes rapports avec le monde arabo-musulman, car enfin c'est bien au nom de ce qu'ils prétendent être l'Islam que les terroristes ont frappé, et je me rends compte que c'est au sein de cette nébuleuse politique et religieuse qu'ont eu lieu la plupart de nos interventions. J'en reviens à mes premiers pas d'apprenti médecin à Tunis, en tant que coopérant, où mon ami Slim, enseignant à Sousse, m'esquissait à grands traits les bases de sa culture tandis que je l'initiais encore plus sommairement aux charmes du gauchisme parisien. J'ai beaucoup réfléchi avec Marek Halter aux complexes relations israélo-palestiniennes, lui qui avait tenté, avec sa femme, Clara, de rapprocher Yasser Arafat de Shimon Peres et de Yitzhak Rabin avant les accords d'Oslo. J'ai travaillé main dans la main avec les équipes de l'imam Moussa

Sadr au Liban, avec Michel Bonnot déjà. J'y ai vu, ahuri, les débuts d'un raidissement au sein même des équipes où les infirmières chiites refusaient de serrer la main des hommes et finissaient par se voiler. Même raideur dans les maquis afghans, conduisant Mike Barry à dénoncer « le fascisme vert », bien avant les tours du 11 Septembre. Pourtant, les grandes figures de musulmans démocrates n'ont pas manqué, comme Amine Wardak et le commandant Massoud. Au Proche-Orient, j'ai vu des équipes de médecins israéliens et palestiniens œuvrer fraternellement dans les territoires occupés. Et là où s'est déroulé l'essentiel de ma carrière professionnelle, au CCN de Saint-Denis, où le mélange de personnel médical musulman et non musulman, médecins et aides-soignants, est particulièrement serré, la question ne se posait même pas. À ce sujet je dois citer mon collègue le docteur Kamel Abdennbi, que j'ai connu lors d'une mission pour MDM à Timisoara pendant la révolution roumaine, et qui m'a aidé pendant vingt ans à développer la notion et la pratique de prévention en cardiologie. Il m'avait fait venir en Algérie durant les grandes manifestations pacifiques étudiantes de 1988, où nous avions rencontré les militants pour une Algérie démocratique, en compagnie d'Isabelle Adjani, qu'André Glucksmann m'avait demandé d'aider. Elle-même d'origine Kabyle souhaitait apporter son soutien au mouvement de la jeunesse algérienne. Ces manifestations, hélas, ont été suivies des premiers actes d'un intégrisme sans merci qui a mené aux années de plomb dont le pays ne s'est toujours pas remis.

N'empêche que l'absence de politique de la ville à Saint-Denis (et d'autres villes), ou plutôt sa politique de grande complaisance, dans le but d'acheter la paix sociale et électorale, a mené à la situation actuelle : on a laissé agir les marchands de sommeil, favorisant le surpeuplement et l'illégalité, on a toléré l'installation de bidonvilles temporaires où vivaient des centaines de familles de Roms dans des conditions immondes, la ville est ravagée par la discrimination, l'exclusion, la pauvreté. Trente pour cent des jeunes sont au chômage et il suffit que quelques poignées d'entre eux, finalement plus nihilistes que religieux, plongent dans l'islamisme radical pour créer les conditions des catastrophes que nous avons vécues.

Nous voilà donc face à deux périls, ou plutôt à un seul avec deux visages. Que faire ? D'autant qu'à cette situation s'ajoute le douloureux problème des réfugiés. On se noie en Méditerranée et dans la Manche comme on se noyait en mer de Chine au temps des boat people. La Communauté européenne fait semblant d'aider mais en réalité freine des quatre fers, dans l'espoir d'endiguer une immigration réelle encore grossie par des peurs fantasmatiques. Pour sauver l'honneur, il ne reste plus que les ONG qui se relaient en Méditerranée autour de l'admirable action de l'*Aquarius*, dans une atmosphère générale d'indifférence et de mauvaise volonté.

Ce sont de nouveaux défis qui se profilent à l'horizon à l'heure où les prises de position des candidats à la prochaine élection présidentielle s'orientent de plus en plus vers l'extrême droite.

Ce sont des défis qui ne sont pas à l'échelle de notre ridicule pré carré mais bien à l'échelle du monde : la mondialisation pour le meilleur et pour le pire est un fait.

XVIII

MONDIALISATION JUSTE ET DURABLE ?

Je viens pour ma part d'en vivre une illustration revigorante, et cette histoire ressemble à un très beau conte de Noël : il se trouve que je soigne depuis vingt ans un patient qui est aussi un ami, grand intellectuel français, spécialiste des droits des malades. Il y a douze ans, on avait dû lui greffer une aorte en plastique et tout s'était bien passé jusqu'à ce qu'il soit récemment victime d'une infection gravissime, lui laissant peu de chances de survie. Hospitalisé, considérant qu'il avait atteint un âge respectable et qu'il avait, comme on dit, fait son temps, il a refusé d'être opéré à nouveau.

Ayant prévu d'aller passer les fêtes de Noël en Mauritanie, je suis allé discuter avec lui une dernière fois juste avant de partir et lui ai mis en quelque sorte le marché en main : « Si tu rentres chez toi dans cet état, tu te condamnes, infection sur infection, à faire des allers-retours à l'hôpital de plus en plus pénibles, à ne plus te déplacer qu'en fauteuil roulant, à vivre une vie qui ne vaut guère d'être vécue ; l'opération est possible, mais c'est quitte ou double, soit tu meurs, soit tu t'en sors… » Et je pars à Nouakchott en le laissant face à ce choix. Je n'étais pas seulement en vacances en Mauritanie, j'avais aussi une petite mission exploratoire pour la Chaîne de l'Espoir. Je suis donc amené à visiter le nouveau centre cardiologique de la capitale, flambant neuf, à la pointe du progrès, construit grâce à des financements de la Banque islamique de développement. J'y rencontre bien entendu le directeur du centre, le professeur Eba, un cardiologue remarquable, et le chef du service de chirurgie cardiaque, qui me raconte un peu son parcours et me cite le grand patron dont il a été l'élève… qui se trouve être le chirurgien en train d'opérer mon ami à Paris, lequel a fini par se rendre à mes arguments et à tenter l'intervention.

Le parcours de ce chirurgien est à l'image du temps présent et des changements qu'il charrie. Libanais d'origine, il a fait ses premières études à l'hôpital de l'université Saint-Joseph à Beyrouth (décidément, je n'en finirai jamais de croiser le Liban dans mon parcours), est venu exercer comme chef de clinique à l'Hôpital européen Georges-Pompidou, à Paris, puis a filé pendant cinq ans à Houston, Texas, La Mecque de la chirurgie cardiaque, qui vit exercer le professeur Cooley, pionnier du cœur artificiel et spécialiste de la transplantation et de la chirurgie de l'aorte. Après quoi il est revenu à l'hôpital Pompidou, lui, médecin libanais, nommé chef d'un service de chirurgie parmi les plus prestigieux, ce qui est inhabituel dans le milieu très exclusif de la chirurgie cardio-vasculaire française et même du système hospitalier français tout court. Les temps changent ! Et la modernité technique y apporte sa pierre : je suis en pleine visite du bloc opératoire de

Nouakchott quand mon smartphone vibre, je l'ouvre discrètement, une image de champ opératoire apparaît, avec un texto du chirurgien : « Regardez ce que je viens de faire à votre ami ! » Il avait tenté, et réussi, une autogreffe, dans un geste qui n'avait presque aucune chance d'aboutir. Cela arrive souvent en chirurgie cardio-vasculaire : on pratique des interventions apparemment sans risque et un jour c'est la catastrophe, à l'inverse on tente une intervention dont on pense que seul un miracle peut la faire aboutir et ça marche…

J'étais encore tout réjoui de cette nouvelle et ébloui à la pensée qu'au fond d'un hôpital entouré d'un désert de sable je reçoive en temps réel un compte rendu opératoire depuis le bloc d'un des meilleurs services cardio-vasculaires au monde, quand le chef du service de chirurgie de Nouakchott intervient avec un grand sourire : « Mais ç'a été mon patron ! Il m'a tout appris, c'est un génie. » De là il se met à me décrire comment lui, Mauritanien, et deux de ses collègues, un Syrien et un Mexicain, opéraient sans relâche sous l'autorité de grands chirurgiens français. « On nous appelait la Légion étrangère ! Évidemment, du point de vue professionnel, c'est plutôt formateur… »

Ces considérations me font perdre définitivement la notion du temps, parce qu'elles me renvoient une fois de plus à l'extraordinaire livre d'Erich Maria Remarque *Arc de Triomphe*, qui décrit par le menu la vie précaire, entre les deux Guerres mondiales, d'un médecin allemand réfugié en France pour avoir fui le régime d'Hitler, qui se retrouve à pratiquer clandestinement, pour le compte de médecins français.

Cette illustration des échanges Nord-Sud me ramène brutalement à une autre réalité : la veille, je considérais le jardinier qui taillait avec amour les buissons de mon ami de trente ans, le cinéaste Abderrahmane Sissako, qui m'accueillait à Nouakchott, lorsque ce dernier me dit : « Tu vois, il est en train de faire des économies pour partir. Dès qu'il aura assez d'argent, il montera sur une pirogue et il partira. Direction les Canaries. Puis, s'il y arrive, l'Espagne. Puis peut-être la France… Il partira, et aucun raisonnement ne le fera changer d'avis. On trouve cette même détermination chez les candidats au terrorisme suicide, mais ils sont animés par le seul désespoir. Là, il y a quand même l'espoir de s'en sortir… »

Je réalise alors que la mondialisation, qui peut générer aussi bien un moment exceptionnel comme celui que je viens de vivre à l'hôpital que la froide détermination des candidats à l'exil, illustre une vision du monde différente de celle que nous avions à la création de Médecins sans frontières. Abolir les frontières, pour nous, c'était faire de la coopération internationale, c'était considérer les frontières un peu comme la peau des pays, un tissu qui protège mais permet aussi les échanges. Aujourd'hui, la mondialisation qui est à l'œuvre a plutôt tendance à arracher la peau des pays pour les laisser écorchés vifs. Face à ce péril, seules les énergies unies des candidats à l'exil comme de tous ceux qui sont à l'avant-poste du progrès, prêts à les accueillir mais aussi à imaginer les conditions de leur absorption, permettront d'éviter l'adoption d'une logique d'invasion et favoriseront, ne serait-ce qu'aux frontières, quelque chose qui ressemblerait à une osmose des mondes.

Devant l'inconnu absolu qui enveloppe l'humanité depuis deux ans, à l'heure où l'on voit, grande première dans l'histoire, la Terre entière se mettre en veille pour lutter contre une pandémie, toutes les cartes sont rebattues, toutes les valeurs sont à refonder et il va falloir réapprendre à vivre. Ce n'est pas évident, mais rien n'empêche d'essayer.

Comme le proclamait un carton brandi par une gamine lors des premières marches pour le climat : « Ceux qui pensent que c'est impossible sont priés de ne pas déranger ceux qui essaient. » Et en plus c'était dit poliment.

Cette pandémie, illustration d'une accélération du progrès pour les pays riches, met en évidence une différence de traitement pour les plus pauvres et un accès aux vaccins totalement inégal (70 % de vaccinés en France, 26 % en Inde, moins de 10 % en Afrique). D'ailleurs, à son tour, MSF fait un plaidoyer pour l'accès aux vaccins dans les pays pauvres.

Devant l'ubiquité et la nouveauté de l'événement, nous avons été, nous sommes encore dans beaucoup de domaines tétanisés. Mais à mesure que les effets de surprise se dissipent comme une brume, le paysage que nous voyons apparaître ressemble furieusement à ceux que nous avons connus ailleurs et les conditions qui motivaient notre engagement n'ont pas changé. MSF, de concert avec l'Institut Pasteur, a publié les résultats d'une enquête menée très tôt, de mars à juin 2020, dans plusieurs foyers d'immigrés ou de réfugiés à Paris et en banlieue parisienne, autant dire chez les plus précaires. Il en ressort que le taux d'infection au Covid peut monter dans certains cas jusqu'à 94 %. Qu'il touche des sujets jeunes, la moitié ayant moins de trente-cinq ans. Que huit sur dix sont des hommes. Que huit sur dix sont par ailleurs en bonne santé. Qu'en règle générale ils s'astreignent à observer les gestes élémentaires de protection. Mais qu'ils partagent chambre, cuisine et douche et que pour les plus pauvres d'entre eux la promiscuité est plus forte que les gestes barrières. Encore et toujours, c'est auprès de ces éternels oubliés que nous devons d'abord nous porter, eux que nous rencontrons à chaque conflit, à chaque catastrophe et qui, laissés sans secours, seraient effacés aussi bien de la surface du monde que de notre conscience.

Beaucoup d'ONG comme MDM ont aidé les sans-abri en France, où ils sont régulièrement oubliés hiver après hiver. J'ai moi-même participé à un numéro vert pendant le premier confinement avec mes amis anciens humanitaires du début de MDM et Graciela, pour rester en liaison avec les travailleurs sociaux dans la rue.

Graciela Robert, assistante sociale qui a travaillé trente ans à la Mission France de MDM, fondatrice de l'association Accès aux droits pour les sans-abri (ADPSA), est en effet la personnalité lumineuse qui s'occupe de ces éternels exclus, toujours sur le terrain au bon moment. Comme Albina du Boisrouvray et Sofia Aram pour FXB, Graciela a pris en charge les conséquences dramatiques de la pandémie sur les plus faibles, en particulier les femmes, qui se retrouvent de plus en plus souvent à la rue avec leurs enfants. Les autorités parent au plus pressé et ces femmes sont, faute de mieux, relogées provisoirement dans des hôtels. Mais enfin, un hôtel coûte 40 euros par jour. Avec 40 euros par jour, on pourrait peut-être plus utilement leur trouver un logement pérenne… Et la pandémie, même si elle n'est pas directement responsable de ces détresses, en accroît l'intensité et nous oblige à repenser complètement notre vision du monde et de l'avenir.

Cela dit, les scènes de chaos à l'aéroport de Kaboul, l'indignité qui est faite à ces civils parqués comme du bétail face à une reprise en main du pays par les talibans nous font penser que l'action humanitaire n'est pas au bout de ses peines. Que les associations auront encore beaucoup de travail et les politiques beaucoup à apprendre.

Cependant, il m'arrive de me consoler un peu, en particulier lorsqu'à l'occasion de voyages à l'étranger je mentionne ce que fut notre action au début du mouvement qu'on appelle encore celui des *french doctors*, bien qu'il s'agisse à présent d'une action internationale. Régulièrement, cette évocation déclenche une réaction de respect et de soutien. Ce qui me donne l'espoir que cette mobilisation de milliers de médecins et d'infirmiers a fait davantage pour le renom de la France que beaucoup de grands projets industriels ou culturels depuis cinquante ans.

CONCLUSION SANS FIN

Voilà déjà cinquante ans que des médecins, infirmiers, logisticiens, se sont lancés à corps perdu au milieu des catastrophes et des conflits avec un seul objectif : se porter partout au secours des victimes sans se soucier des clivages ni des frontières. La médecine leur servait de passeport. Accourir, aider les blessés, participer aux luttes contre les épidémies ; ces belles activités recueillaient l'approbation et parfois le soutien de l'opinion publique, et nous nous retrouvions souvent aussi face à de farouches oppositions dès lors que nous protestions contre les violations flagrantes des droits humains. Nous voulions apporter nos soins aux individus ; à leur demande, sans les choisir, « faute de mieux », comme disait André Glucksmann, même si nous n'étions pas en mesure de sauver la totalité d'une population en souffrance. Et nous étions souvent déçus d'arriver trop tard. Mais, de mission en mission, nous avons étendu notre action aux zones déshéritées des pays développés, et profité de notre expérience pour le faire savoir au reste du monde.

Quand nous nous définissions comme des médecins sans frontières, cela voulait simplement dire que nous étions capables de les traverser, ces frontières, nous n'avions pas la prétention de les abolir à nous tout seuls, ou alors cela luisait seulement comme une utopie au fond de nos cœurs. Un médecin doit pouvoir aller partout, au fond des corps, au fond des esprits, au fond des habitations, des villes et des campagnes, cela ne lui donne pas le droit d'abattre les murs que les hommes se sont construits pour le meilleur et pour le pire, qui sont leur prison et en même temps leur abri. Même si en lui-même il est poussé par le secret espoir que ces murs un jour tomberont, car cet espoir est précisément ce qui donne un sens à son intervention.

Cette remémoration me fait réaliser à quel point tout a changé en cinquante ans. Lors de nos premières interventions après le Biafra, nos ONG étaient animées par des électrons libres, bénévoles inorganisés, volontaristes, qui partaient sur un coup de tête, à leurs risques et périls, pour une mission profondément politique et dont l'action était soutenue par de grands intellectuels. Aujourd'hui, les ONG ont profondément changé (et c'est un bien). Elles se sont institutionnalisées, ont recruté des salariés permanents, et les jeunes médecins les intègrent pleinement dans leur plan de carrière, allant de l'une à l'autre, MSF, puis MDM, ou des agences onusiennes, intervenant partout où cela est nécessaire avec une efficacité organisée. Nous étions transgressifs, mais l'heure n'est plus tellement à la transgression. Encore que… Les poignées de militants qui interviennent en ce moment en Méditerranée sont bien dans la ligne qui était la nôtre : un homme qui se noie, quelle que soit l'époque, quelles que soient les circonstances, c'est un homme qui a besoin d'aide. Et soit dit en passant, à part Erri De Luca en Italie, j'ai du mal à percevoir les voix d'intellectuels ou de philosophes soutenant leur action. On dirait que la pensée est plus frileuse, par les temps qui courent, et qu'elle préfère laisser à l'action le bénéfice de l'initiative. Pour tout dire, le Zola qui manque à notre époque sera peut-être médecin, au risque, après son « J'accuse », d'encourir les foudres de la loi. En Italie, des membres de MSF qui ont soutenu les actions de sauvetage ont bien été poursuivis en justice !

Il faut donc agir, encore et encore, au nom du droit, du droit international, du droit des victimes, du droit à intervenir, du droit à protéger, en se souvenant que l'application de ce droit est, comme on dit, une ardente obligation. Face aux massacres, le droit. Face aux ravages, le droit. Rien n'est réglé, mais à chaque tentative, le droit avance, comme la mer grignote le rivage. Évidemment, il lui arrive aussi de reculer par endroits, et même souvent, et beaucoup. Mais comment faire, sinon en reprenant sans fin le tissage de notre toile de protection, par l'exemple et au nom du droit ?

Lorsque nous avons fondé Médecins sans frontières et Médecins du monde, il s'agissait d'une utopie, en les bâtissant nous avons affronté de nombreuses oppositions. Nous avons connu des périodes fastes, force m'est de constater que nous sommes aujourd'hui en plein recul politique.

Nous agissions à l'aube de la mondialisation. Nous tentons à présent d'en amortir les chocs.

L'indignation n'est plus ce qu'elle était. La guerre en Syrie n'a pas entraîné de protestations populaires en Occident, avec leurs cortèges et manifestations multiples, comme pour les massacres précédents au Vietnam, en Algérie et au Moyen-Orient en général. Pour la Syrie, personne, ou presque. Pour l'Afghanistan, pour les femmes afghanes, très peu de monde.

La responsabilité de protéger, c'est l'histoire d'un grand succès et d'une défaite provisoire. Tout espoir serait-il perdu ? Les réfugiés se noient en masse dans les eaux bleues de notre Méditerranée, leurs corps viennent s'échouer sur les plages au milieu des vacanciers. Là encore, l'indifférence semble gagner. À la fin de *La Peste*, Albert Camus fait dire au docteur Rieux : « [...] Ce que l'on apprend au milieu des fléaux, c'est qu'il y a dans les hommes plus de choses à admirer que de choses à mépriser. » Je suis médecin et je crois que la responsabilité de protéger, terme plus compréhensible que ceux de « droit d'ingérence », a un avenir ici et là-bas et que des générations de médecins, surtout dans les pays du Sud, sont prêts à prendre le relais.

REMERCIEMENTS

Je voudrais remercier Jean-François Dars qui m'a aidé dans l'élaboration de cet ouvrage, le doyen Pierre Olivier Chaumet qui m'a convaincu d'écrire ce livre et l'a initié, Philippe Robinet qui m'a accueilli aux éditions Calmann-Lévy, Marine Montégut, responsable éditoriale, Marie Merveilleux, Flandrine Raab qui ont patiemment revu les épreuves et enfin Bertrand Leibovici, Marek Halter, Éric Fottorino, Patrice Van Eersel, François Ewald, Christine Eggs, Michel Laval, Sacha Goldman et Hugo Curletto.

BIBLIOGRAPHIE

Patrick AEBERHARD et Pierre-Olivier Chaumet, *Droit et stratégies de l'action humanitaire*, Mare et Martin, 2018.

Mike BARRY, *Entre conflits religieux et manipulations ethniques « qu'allons-nous devenir ? », Nouvelles d'Afghanistan*, Afrane, 2021.

Claire BOULANGER, Pascal DELOCHE, Bernard JACQUEMART, Philippe GRANJON, *L'Enfer yougoslave*, Belfond, 1994.

Mario BETTATI, Bernard KOUCHNER, *Le Devoir d'ingérence*, Denöel, 1987.

Albert CAMUS, *Le Mythe de Sisyphe*, Gallimard, 1942.

Albert CAMUS, *La Peste*, Gallimard, 1947.

Michel FOUCAULT, *Dits et écrits, 1954-1988*, Gallimard, 1994.

Peter HARRISS, *Birth,* Umuzi, 2010.

Bernard KOUCHNER, Patrick AEBERHARD, Jean-Pierre DAULOUÈDE, Bertrand LEBEAU, William LOWENSTEIN, *Toxic*, Odile Jacob, 2018.

Bernard KOUCHNER, *L'Île de lumière*, Ramsey, 1980.

Jacques LEBAS, Florence VEBER, Gilles BRÜCKER, *Médecine humanitaire*, Flammarion, 1994.
Médecins du monde, *Si tous les enfants du monde*, Albin Michel, 1989.
Bernard ROQUES, *La Dangerosité des drogues*, Odile Jacob, 1999.
A. SCHWARTZ, « The Long Night Terrorist Attacks and a city changed », The New Yorker, novembre 2015.
« Toxicomanie, sida, exclusion, New York, Londres, Paris » *Les Temps modernes*, n° 567, octobre 1993.

TABLE DES MATIÈRES

Composition Nord Compo
Achevé d'imprimer en février 2022
par l'imprimerie Laballery
58500 Clamecy
N° d'impression : 202199

pour le compte des Éditions Calmann-Lévy
21, rue du Montparnasse 75006 Paris

PAPIER À BASE DE FIBRES CERTIFIÉES

CALMANN LÉVY s'engage pour l'environnement en réduisant l'empreinte carbone de ses livres. Celle de cet exemplaire est de :
650 g éq CO_2
Rendez-vous sur www.calmann-levy-durable.fr

N° d'éditeur : 2326183/01
N° d'imprimeur : 202199
Dépôt légal : mars 2022
Imprimé en France